Python 网络数据爬取及分析从入门到精通(分析篇)

杨秀璋　颜　娜　编著

北京航空航天大学出版社

图书在版编目(CIP)数据

Python 网络数据爬取及分析从入门到精通. 分析篇 / 杨秀璋,颜娜编著. -- 北京：北京航空航天大学出版社，2018.5

ISBN 978-7-5124-2713-6

Ⅰ. ①P… Ⅱ. ①杨… ②颜… Ⅲ. ①软件工具－程序设计 Ⅳ. ①TP311.561

中国版本图书馆 CIP 数据核字(2018)第 101752 号

版权所有，侵权必究。

Python 网络数据爬取及分析从入门到精通（分析篇）
杨秀璋　颜　娜　编著
责任编辑　孙兴芳

*

北京航空航天大学出版社出版发行

北京市海淀区学院路 37 号（邮编 100191）　http://www.buaapress.com.cn
发行部电话：(010)82317024　传真：(010)82328026
读者信箱：emsbook@buaacm.com.cn　邮购电话：(010)82316936
涿州市新华印刷有限公司印装　各地书店经销

*

开本：710×1 000　1/16　印张：16.75　字数：357 千字
2018 年 6 月第 1 版　2018 年 6 月第 1 次印刷
ISBN 978-7-5124-2713-6　定价：59.80 元

若本书有倒页、脱页、缺页等印装质量问题，请与本社发行部联系调换。联系电话：(010)82317024

序　一

作为与秀璋同窗同寝的 10 年老友,有幸见证秀璋与颜娜相识相知相爱。此书可以说是他们爱的结晶。秀璋是深受朋友信任的好兄弟,亦是深受学生爱戴的好老师,似乎有着用不完的热情,这种热情,带给我们这个社会一丝丝的温暖,在人与人之间传递着。当初在博客上不断写文章,并耐心解答网友们的各种问题,还帮助许多网友学习编程,指导他们的作业甚至毕业论文,所以,"当教师"这颗种子早已埋下。毕业后的秀璋,拿着同学们羡慕的北京 IT 行业某网络公司的录取通知书,却毅然决然踏上返乡的路,这一走,走进了大山里的贵州,成了一名受人尊敬的人民教师。生活平淡而辛苦,而乐观的秀璋却收获了爱情,此也命也。

拒绝了无数聚会的邀请,见证了无数贵阳凌晨的灯火,秀璋和颜娜孜孜不倦写下这本书,作为朋友,着实替他们高兴。作为见证这本书从下笔到问世的读者,作为一个 Python 爱好者及有一定数据分析功底的学生,读这本书真是如晤老友——有大量的网络数据分析实例,从 Python 常用数据分析库到可视化分析,再到回归分析、聚类分析、分类分析、关联规则、文本预处理,并普及了词云热点与主题分布分析、复杂网络和基于数据库的分析。

本书配以专业但不晦涩的语言,将原本枯燥的学术知识娓娓道来,此时的秀璋不是老师,而是一个熟悉的老友,用大家听得懂的话,解释着您需要了解的一切。同时,当您学习完 Python 网络数据分析之后,还推荐您继续学习本套书中的另一本书——《Python 网络数据爬取及分析从入门到精通(爬取篇)》,进而更好地掌握与 Python 相关的知识。

总之,再多赞美的语言,都比不上滴滴汗水凝结的成功带来的满足与喜悦。愿您合上书时,亦能感受到秀璋和颜娜的真诚。

大疆公司　宋籍文
2017 年 11 月 1 日于深圳

序 二

当我被秀璋邀请为本书写序时，我首先感到的是惊讶和荣幸。秀璋是我最好的朋友之一，在本科和硕士学习期间，我们一起在北京理工大学度过了六年的美好时光。秀璋是一个真诚而严谨的人，在学习、工作，甚至游戏中，他都力争完美，很开心看到他完成了这本著作。

在大学期间，每个人都知道他有当老师的梦想，之后他也确实回到了家乡贵州，做着他喜欢的事情。我希望他能在教育领域保持着那份激情和初心，即使这是一个漫长而艰难的过程，但我相信他会用他的热情和爱意克服一切困难，教书育人。

这本书就像他的一个"孩子"，他花了很多时间和精力撰写而成。它是一本关于Python数据分析的技术书，包括很多有用的实例，比如利用线性回归预测价格、利用K-Means聚类分析篮球运动员、利用决策树分析鸢尾花、利用词云技术和主题模型分析文本数据等。现在我们都知道一些与计算机科学相关的热门术语，如机器学习、大数据、人工智能等。而许多像SAP这样的公司也在关注这些新兴的技术，从海量信息中挖掘出有价值的信息，以便将来为客户提供更好的软件解决方案和服务，关注为公司决策提供支撑。

但我们从哪里开始学习这些新知识呢？我想您可以从读这本书开始。在本书中，秀璋介绍了各种常见的数据分析方法及实例，通过这些方法我们能够构建自己感兴趣的应用或研究领域，例如舆情分析、价格预测、商品推荐、社区发现等。本书既可以当作Python数据分析的入门教程，也可以当作指导手册或科普书。对于初学者来说，学习本书中的内容并不难，它就是一步步的教程，包括基本的Python数据分析常用库、可视化绘图、回归分析、聚类分析、分类分析、主题分布、复杂网络、数据预处理等。书中有许多生动而有趣的案例，以及详细的图形指南和代码注释，绝不会让您感到无聊。

本书是学习Python数据分析的不二选择。同时推荐您继续学习本套书中的另一本书——《Python网络数据爬取及分析从入门到精通（爬取篇）》，让您的数据分析研究更加自如，挖掘自己感兴趣的数据集之后再进行深入分析。

如果您真的是Python、网络爬虫、数据分析或大数据的忠实粉丝，请不要犹豫，学习Python就从这本书开始吧！如果您对人工智能、机器学习、深度学习感兴趣，也请把这本书当作您的入门教程吧！

SAP工程师　数字商务服务　徐溥
2017年11月23日于美国

序 三

杨老师是我认识的人里最忠于自己内心的人。在青春年少时他便抱定自己的理想,多年来一直不忘初心、心无旁骛地朝着目标踽踽前行,既仰望星空,又脚踏实地,直到达成所愿。

相较于大多数与梦想渐行渐远的人们,他是幸运的,这幸运离不开他多年的努力与坚持。年少时,他可能从未想过自己会成为一名"程序猿",误打误撞进入编程领域,从此在代码的世界里乐此不疲,越走越远。对于他而言,重要的是学有所成,继承父亲遗志,做一名传道授业解惑的教师。为此,他勤奋学习,纵然辛劳却乐在其中;他乐于助人,以帮助、辅导他人学习技术为傲,从不求回报;他常有危机感,担心自己学得还不够,不足以为人传道授业解惑;他也常常感叹,为自己能在普及编程知识上做一点贡献而感到自豪。这些,成为他五年来坚持在 CSDN 更新博客的坚强动力,也是他在北京航空航天大学出版社多番邀请下,终于下定决心要倾自己所学写一套书的初衷。

因为工作调整的缘故,2017 年杨老师异常忙碌,加班是家常便饭,写这套书几乎占据了他全部的休息时间。很多个安静的夜里,家人酣睡,他却敲击着键盘,灵感如火花四溅,脑海里的知识渐渐凝聚成书。

8 年编程积累,近 300 篇博文厚积薄发,Python 系列专栏荣获"2017 年 CSDN 博客十大专栏",得到网友们的充分肯定。历时一年倾囊而出、潜心创作,本套书凝聚了他诸多心血,同时也是他学习 Python 语言的阶段性总结。本套书简单易懂,包含了网络数据爬取和数据分析两方面知识。杨老师充分考虑初学者可能会遇到的困难和问题,深入浅出,理论结合案例,力求让每位读者在合上书后,都能真正学有所得,熟练掌握 Python 语言、网络爬虫和数据分析。同时,因为力求丰富完善,内容较多,故本套书分为两本出版,一本即为本书,重点涵盖了可视化分析、回归分析、聚类分析、分类分析、关联规则挖掘、数据处理、主题分布、复杂网络等技术,并且每一章节都通过实例代码和图表步骤进行详细讲解。另一本为《Python 网络数据爬取及分析从入门到精通(爬取篇)》,主要介绍 Python 网络数据爬取。建议大家将两本书结合起来学习。

杨老师是一个善良、纯粹而又执着的人,日常交往中人们很容易在他身上建立起信任感,他对得失的毫不计较,对教育事业的虔诚,对他人的真挚友善,对知识的尊重与渴求,无不深深打动着身边的人。程序员有很多种,他可能并不是技术最厉害的,但他选择了一条更为艰难的路,学习积累、潜心创作、教书育人,用一篇篇文章、一个个精彩的案例去帮助更多人。

作为长期陪伴他左右的人，我敬他、恋他，同时从心底深深感激他为我倾注的一切。历经一年，与他一起查阅资料、一起校稿、一起默默付出，整套书终于要问世了。作为整套书的第一个读者，我深深地知道他对整套书所倾注的炽热情感与心血，每一段文字、每一行代码都闪现着我们生活和工作中合作的点点滴滴，希望您在阅读过程中，也能体会到我们满满的诚意。

此生幸事莫过于得一知己共白首！也希望所有的读者能包容本书的不足之处，如果此书能激发您对数据挖掘与分析的兴趣，给您的学习和工作带来些灵感和帮助，我们将不胜欢喜。编程路漫漫，期待与各位读者的交流与学习，共同进步。

颜　娜

2018 年 3 月 14 日于贵阳

前 言

随着数据分析和人工智能风暴的来临,Python 也变得越来越火热。它就像一把利剑,使我们能随心所欲地去做各种分析与研究。在研究机器学习、深度学习与人工智能之前,我们有必要静下心来学习一下 Python 的基础知识、基于 Python 的网络数据爬取及分析,这些知识点都将为我们后续的开发和研究打下扎实的基础。同时,由于市面上缺少以实例为驱动,全面详细介绍 Python 网络爬虫及数据分析的书,本套书很好地填补了这一空白,它通过 Python 语言来教读者编写网络爬虫并教大家针对不同的数据集做算法分析。本套书既可以作为 Python 数据爬取及分析的入门教材,也可以作为实战指南,其中包括多个经典案例。

它究竟是一套什么样的书呢?对您学习网络数据爬取及分析是否有帮助呢?

本套书是以实例为主、使用 Python 语言讲解网络数据爬虫及分析的书和实战指南。本套书结合图表、代码、示例,采用通俗易懂的语言,介绍了 Python 基础知识、数据爬取、数据分析、数据预处理、数据可视化、数据库存储、算法评估等多方面知识,每一部分知识都从安装过程、导入扩展库到算法原理、基础语法,再结合实例详细讲解。本套书适合计算机科学、软件工程、信息技术、统计数学、数据科学、数据挖掘、大数据等专业的学生学习,也适合对网络数据爬取、数据分析、文本挖掘、统计分析等领域感兴趣的读者阅读,同时也可作为数据挖掘、数据分析、数据爬取、机器学习、大数据等技术相关课程的教材或实验指南。

本套书分为两篇——爬取篇和分析篇。其中,爬取篇详细讲解了正则表达式、BeautifulSoup、Selenium、Scrapy、数据库存储相关的爬虫知识,并通过实例让读者真正学会如何分析网站、抓取自己所需的数据;分析篇详细讲解了 Python 数据分析常用库、可视化分析、回归分析、聚类分析、分类分析、关联规则挖掘、文本预处理、词云分析及主题模型、复杂网络和基于数据库的分析。爬取篇突出爬取,分析篇侧重分析,为了更好地掌握相关知识,建议读者将两本书结合起来学习。

为什么本套书会选择 Python 作为数据爬取和数据分析的编程语言呢?

随着大数据、数据分析、深度学习、人工智能的迅速发展,网络数据爬取和网络数据分析也变得越来越热门。由于 Python 具有语法清晰、代码友好、易读易学等特点,同时拥有强大的第三方库支持,包括网络爬取、信息传输、数据分析、绘图可视化、机器学习等库函数,所以本套书选择 Python 作为数据爬取和数据分析的编程语言。

首先，Python 既是一种解释性编程语言，又是一种面向对象的语言，其操作性和可移植性较高，因而被广泛应用于数据挖掘、文本爬取、人工智能等领域。就作者看来，Python 最大的优势在于效率。有时程序员或科研工作者的工作效率比机器的效率更为重要，对于很多复杂的功能，使用较清晰的语言能给程序员减轻更多的负担，从而大大提高代码质量，提高工作效率。虽然 Python 底层运行速度要比 C 语言慢，但 Python 清晰的结构能节省程序员的时间，简单易学的特点也降低了编程爱好者的门槛，所以说"人生苦短，我学 Python"。

其次，Python 可以应用在网络爬虫、数据分析、人工智能、机器学习、Web 开发、金融预测、自动化测试等多个领域，并且都有非常优秀的表现，从来没有一种编程语言可以像 Python 这样同时扎根在这么多领域。另外，Python 还支持跨平台操作，支持开源，拥有丰富的第三方库。尤其随着人工智能的持续火热，Python 在 IEEE 发布的 2017 年最热门语言中排名第一，同时许多程序爱好者、科技工作者也都开始认识 Python，使用 Python。

接下来作者将 Python 和其他常用编程语言进行简单对比，以突出其优势。相比于 C♯，Python 是一种跨平台的、支持开源的解释型语言，可以运行在 Windows、Linux 等平台上；而 C♯ 则相反，其平台受限，不支持开源，并且需要编译。相比于 Java，Python 更简洁，学习难度也相对低很多，而 Java 则过于庞大复杂。相比于 C 和 C++，Python 的语法简单易懂，代码清晰，是一种脚本语言，使用起来更为灵活；而 C 和 C++ 通常要和底层硬件打交道，语法也比较晦涩难懂。

目前，Python 3.x 版本已经发布并正在普及，本套书却选择了 Python 2.7 版本，并贯穿整套书的所有代码，这又是为什么呢？

在 Python 发布的版本中，Python 2.7 是比较经典的一个版本，其兼容性较高，各方面的资料和文章也比较完善。该版本适用于多种信息爬取库，如 Selenium、BeautifulSoup 等，也适用于各种数据分析库，如 Sklearn、Matplotlib 等，所以本套书选择 Python 2.7 版本；同时结合官方的 Python 解释器和 Anaconda 集成软件进行详细介绍，也希望读者喜欢。Python 3.x 版本已经发布，具有一些更便捷的地方，但大部分功能和语法都与 Python 2.7 是一致的，作者推荐大家结合 Python 3.x 进行学习，并可以尝试将本套书中的代码修改为 Python 3.x 版本，以加深印象。

同时，作者针对不同类型的读者给出一些关于如何阅读和使用本套书的建议。

如果您是一名没有任何编程基础或数据分析经验的读者，建议您在阅读本套书时，先了解对应章节的相关基础知识，并手动敲写每章节对应的代码进行学习；虽然本套书是循序渐进深入讲解的，但是为了您更好地学习数据爬取和数据分析知识，独立编写代码是非常必要的。

如果您是一名具有良好的计算机基础、Python 开发经验或数据挖掘、数据分析背景的读者,则建议您独立完成本套书中相应章节的实例,同时爬取自己感兴趣的数据集并深入分析,从而提升您的编程和数据分析能力。

如果您是一名数据挖掘或自然语言处理相关行业的研究者,建议您从本套书中找到自己感兴趣的章节进行学习,同时也可以将本套书作为数据爬取或数据分析的小字典,希望给您带来一些应用价值。

如果您是一名老师,则推荐您使用本套书作为网络数据爬取或网络数据分析相关课程的教材,您可以按照本套书中的内容进行授课,也可以将本套书中相关章节布置为学生的课后习题。个人建议老师在讲解完基础知识之后,把相应章节的任务和数据集描述布置给学生,让他们实现对应的爬取或分析实验。但切记,一定要让学生自己独立实现书中的代码,以扩展他们的分析思维,从而培育更多数据爬取和数据分析领域的人才。

如果您只是一名对数据爬取或数据分析感兴趣的读者,则建议您简单了解本书的结构、每章节的内容,掌握数据爬取和数据分析的基本流程,作为您学习 Web 数据挖掘和大数据分析的参考书。

无论如何,作者都希望本套书能给您普及一些网络数据爬取相关的知识,更希望您能爬取自己所需的语料,结合本套书中的案例分析自己研究的内容,给您的研究课题或论文提供一些微不足道的思路。如果本套书让您学会了 Python 爬取网络数据的方法,作者就更加欣慰了。

最后,完成本套书肯定少不了很多人的帮助和支持,在此送上最诚挚的谢意。

本套书确实花费了作者很多心思,包括多年来从事 Web 数据挖掘、自然语言处理、网络爬虫等领域的研究,汇集了作者 5 年来博客知识的总结。本套书在编写期间得到了许多 Python 数据爬取和数据分析爱好者,作者的老师、同学、同事、学生,以及互联网一些"大牛"的帮助,包括张老师(北京理工大学)、籍文(大疆创新科技公司)、徐溥(SAP 公司)、俊林(阿里巴巴公司)、容神(北京理工大学)、峰子(华为公司)、田一(南京理工大学)、王金(重庆邮电大学)、罗炜(北京邮电大学)、胡子(中央民族大学)、任行(中国传媒大学)、青哥(老师)、兰姐(电子科技大学)、小何幸(贵州财经大学)、小民(老师)、任瑶(老师)等,在此表示最诚挚的谢意。同时感谢北京理工大学和贵州财经大学对作者多年的教育与培养,感谢 CSDN 网站、博客园网站、阿里云栖社区等多年来对作者博客和专栏的支持。

由于本套书是结合作者关于 Python 实际爬取网络数据和分析数据的研究,以及多年撰写博客经历而编写的,所以书中难免会有不足或讲得不够透彻的地方,敬请广大读者谅解。如果您发现书中的错误,请联系作者,联系方式:1455136241@qq.

com，https：//blog.csdn.net/eastmount（博客地址）。

最后，以作者离开北京选择回贵州财经大学信息学院任教的一首诗结尾吧！

贵州纵美路迢迢，未付劳心此一遭。
收得破书三四本，也堪将去教尔曹。
但行好事，莫问前程。
待随满天桃李，再追学友趣事。

作　者
2018 年 2 月 24 日

目 录

第1章 网络数据分析概述 1
1.1 数据分析 1
1.2 相关技术 3
1.3 Anaconda 开发环境 5
1.4 常用数据集 9
1.4.1 Sklearn 数据集 9
1.4.2 UCI 数据集 10
1.4.3 自定义爬虫数据集 11
1.4.4 其他数据集 12
1.5 本章小结 13
参考文献 14

第2章 Python 数据分析常用库 15
2.1 常用库 15
2.2 NumPy 17
2.2.1 Array 用法 17
2.2.2 二维数组操作 19
2.3 Pandas 21
2.3.1 读/写文件 22
2.3.2 Series 24
2.3.3 DataFrame 26
2.4 Matplotlib 26
2.4.1 基础用法 27
2.4.2 绘图简单示例 28
2.5 Sklearn 31
2.6 本章小结 32
参考文献 32

第3章 Python 可视化分析 33
3.1 Matplotlib 可视化分析 33

3.1.1	绘制曲线图	33
3.1.2	绘制散点图	37
3.1.3	绘制柱状图	40
3.1.4	绘制饼状图	42
3.1.5	绘制3D图形	43

3.2 Pandas 读取文件可视化分析 45
    3.2.1 绘制折线对比图 45
    3.2.2 绘制柱状图和直方图 48
    3.2.3 绘制箱图 51

3.3 ECharts 可视化技术初识 53
3.4 本章小结 57
参考文献 57

第 4 章 Python 回归分析 58

4.1 回 归 58
    4.1.1 什么是回归 58
    4.1.2 线性回归 59

4.2 线性回归分析 60
    4.2.1 LinearRegression 61
    4.2.2 用线性回归预测糖尿病 63

4.3 多项式回归分析 68
    4.3.1 基础概念 68
    4.3.2 PolynomialFeatures 69
    4.3.3 用多项式回归预测成本和利润 70

4.4 逻辑回归分析 73
    4.4.1 LogisticRegression 75
    4.4.2 鸢尾花数据集回归分析实例 75

4.5 本章小结 83
参考文献 83

第 5 章 Python 聚类分析 85

5.1 聚 类 85
    5.1.1 算法模型 85
    5.1.2 常见聚类算法 86
    5.1.3 性能评估 88

5.2 K-Means 90

  5.2.1 算法描述 …… 90
  5.2.2 用 K-Means 分析篮球数据 …… 96
  5.2.3 K-Means 聚类优化 …… 99
  5.2.4 设置类簇中心 …… 103
 5.3 BIRCH …… 105
  5.3.1 算法描述 …… 105
  5.3.2 用 BIRCH 分析氧化物数据 …… 106
 5.4 降维处理 …… 110
  5.4.1 PCA 降维 …… 111
  5.4.2 Sklearn PCA 降维 …… 111
  5.4.3 PCA 降维实例 …… 113
 5.5 本章小结 …… 117
 参考文献 …… 118

第 6 章 Python 分类分析 …… 119

 6.1 分 类 …… 119
  6.1.1 分类模型 …… 119
  6.1.2 常见分类算法 …… 120
  6.1.3 回归、聚类和分类的区别 …… 122
  6.1.4 性能评估 …… 123
 6.2 决策树 …… 123
  6.2.1 算法实例描述 …… 123
  6.2.2 DTC 算法 …… 125
  6.2.3 用决策树分析鸢尾花 …… 126
  6.2.4 数据集划分及分类评估 …… 128
  6.2.5 区域划分对比 …… 132
 6.3 KNN 分类算法 …… 136
  6.3.1 算法实例描述 …… 136
  6.3.2 KNeighborsClassifier …… 138
  6.3.3 用 KNN 分类算法分析红酒类型 …… 139
 6.4 SVM 分类算法 …… 147
  6.4.1 SVM 分类算法的基础知识 …… 147
  6.4.2 用 SVM 分类算法分析红酒数据 …… 148
  6.4.3 用优化 SVM 分类算法分析红酒数据集 …… 151
 6.5 本章小结 …… 154
 参考文献 …… 154

第 7 章　Python 关联规则挖掘分析 ················· 156

7.1 基本概念 ················· 156
7.1.1 关联规则 ················· 156
7.1.2 置信度与支持度 ················· 157
7.1.3 频繁项集 ················· 158
7.2 Apriori 算法 ················· 159
7.3 Apriori 算法的实现 ················· 163
7.4 本章小结 ················· 167
参考文献 ················· 167

第 8 章　Python 数据预处理及文本聚类 ················· 168

8.1 数据预处理概述 ················· 168
8.2 中文分词 ················· 170
8.2.1 中文分词技术 ················· 170
8.2.2 Jieba 中文分词工具 ················· 171
8.3 数据清洗 ················· 175
8.3.1 概　述 ················· 175
8.3.2 中文语料清洗 ················· 176
8.4 特征提取及向量空间模型 ················· 179
8.4.1 特征规约 ················· 179
8.4.2 向量空间模型 ················· 181
8.4.3 余弦相似度计算 ················· 182
8.5 权重计算 ················· 184
8.5.1 常用权重计算方法 ················· 184
8.5.2 TF-IDF ················· 185
8.5.3 用 Sklearn 计算 TF-IDF ················· 186
8.6 文本聚类 ················· 188
8.7 本章小结 ················· 192
参考文献 ················· 192

第 9 章　Python 词云热点与主题分布分析 ················· 193

9.1 词　云 ················· 193
9.2 WordCloud 的安装及基本用法 ················· 194
9.2.1 WordCloud 的安装 ················· 194
9.2.2 WordCloud 的基本用法 ················· 195

9.3 LDA ·········· 203
9.3.1 LDA 的安装过程 ·········· 203
9.3.2 LDA 的基本用法及实例 ·········· 204
9.4 本章小结 ·········· 214
参考文献 ·········· 214

第10章 复杂网络与基于数据库技术的分析 ·········· 215
10.1 复杂网络 ·········· 215
10.1.1 复杂网络和知识图谱 ·········· 215
10.1.2 NetworkX ·········· 217
10.1.3 用复杂网络分析学生关系网 ·········· 219
10.2 基于数据库技术的数据分析 ·········· 224
10.2.1 数据准备 ·········· 224
10.2.2 基于数据库技术的可视化分析 ·········· 225
10.2.3 基于数据库技术的可视化对比 ·········· 232
10.3 基于数据库技术的博客行为分析 ·········· 234
10.3.1 幂率分布 ·········· 234
10.3.2 用幂率分布分析博客数据集 ·········· 235
10.4 本章小结 ·········· 245
参考文献 ·········· 245

套书后记 ·········· 246

致 谢 ·········· 248

第 1 章 网络数据分析概述

Web 数据分析是一门多学科融合的学科,它涉及统计学、数据挖掘、机器学习、数据科学、知识图谱等领域。数据分析是指用适当的统计方法对所收集数据进行分析,通过可视化手段或某种模型对其进行理解分析,从而最大化挖掘数据的价值,形成有效的结论。本章主要普及网络数据分析(Web Data Analysis)的基本概念,讲述数据分析流程和相关技术,同时讲解 Python 环境下数据分析的环境配置与常用数据集等。

1.1 数据分析

网络数据分析是指采用合适的统计分析方法,建立正确的分析模型,对 Web 网络数据进行分析,提取有价值的信息和结论,挖掘出数据的价值,从而造福社会和人类。数据分析可以帮助人们做出预测和预判,以便采取适当行动解决问题。

数据分析的目的是从海量数据或无规则数据集中把有价值的信息挖掘出来,把隐藏的信息提炼出来,并总结出所研究数据的内在规律,从而帮助用户进行决策、预测和判断。

数据分析通常包括前期准备、数据爬取、数据预处理、数据分析、可视化绘图及分析评估 6 个步骤,如图 1.1 所示。

图 1.1 数据分析流程

① 前期准备。在获取数据之前,先要决定本次数据分析的目标,这些目标需要进行大量的数据收集和前期准备,判断整个实验是否能向着正确的方向进行。

② 数据爬取。读者可以利用 Python 爬取所需的数据集,定义相关的特征,采用《Python 网络数据爬取及分析从入门到精通(爬取篇)》(以下简称《爬取篇》)中讲述的爬虫知识进行爬取;也可以针对常见的数据集进行简单的数据分析。

③ 数据预处理。如果想要提高数据质量,纠正错误数据或处理缺失值,就需要进行数据预处理操作,包括数据清洗、数据转化、数据提取、数据计算等。注意,文本语料比较特殊,需要经过中文分词、数据清洗、特征提取、权重计算,将文本内容转换为向量的形式进行预处理操作,才能进行后面的数据分析。

④ 数据分析。读者根据所研究的内容,构建合理的算法模型,训练模型并预测业务结构。常见数据分析的方法包括回归分析、聚类分析、分类分析、关联规则挖掘、主题模型等。

⑤ 可视化绘图。经过数据分析后的数据通常需要进行可视化绘图操作,包括绘制散点图、拟合图形等,通过可视化操作让用户直观地感受数据分析的结果。

⑥ 分析评估。最后需要对模型实验的结果进行评估,同时需要优化算法、优化结果,重复之前的业务流程,从而更好地利用数据的价值,造福整个社会。

图 1.2 所示是数据分析的核心模型,主要划分为训练和预测两部分内容。
- 训练。输入历史数据进行训练,得到分析模型。
- 预测。输入新数据集,采用训练所得模型进行预测操作,并绘制相关图形和评估结果。

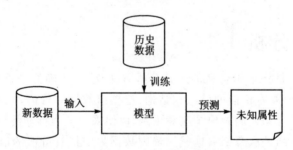

图 1.2 数据分析的核心模型

本书选择 Python 作为数据分析的编程语言,主要原因有以下 4 个方面:

① Python 简单易学,容易上手,不像其他语言需要掌握大量的数据结构和语法知识才能进行实例操作,并且 Python 可以通过极少的代码实现一些数据分析案例,提高开发人员的学习兴趣,破解新手的心理障碍。

② Python 语言支持开源,丰富强大的第三方库让我们做数据分析时更加得心应手。科学计算、数据预处理、数据读取、数据分析、数据可视化、深度学习等各个领域都有对应的库支持,并且各个库可以相互调用。常见数据分析库包括 NumPy、Pandas、Matplotlib 和 Sklearn 等。

③ Python 是一种脚本语言,可以进行快速开发,开发效率相对较高。比如《爬取篇》一书中介绍的数据爬取内容,当用 Java 实现时需要大量的代码,而用 Python

实现时代码量却很小,从而使编写代码的效率和学习效率都很高。

④ 随着深度学习、人工智能的发展,Python语言也在不断变强,拥有更丰富的扩展库,而在学习深度学习知识之前还需要了解 Python 数据分析及机器学习的基础知识。

在开始 Python 数据分析之前,需要提到另一个与它紧密相关的概念,即数据挖掘。那它们之间究竟有什么区别与联系呢?

数据分析和数据挖掘的侧重点不同,数据分析主要侧重于通过对历史数据的统计分析,从而挖掘出深层次的价值,并将结果的有效信息呈现出来;而数据挖掘是从数据中发现知识规则,并对未知数据进行预测分析。数据分析和数据挖掘两者是紧密关联的,数据分析的结果需要进行进一步数据挖掘才能指导决策,而数据挖掘在进行价值评估的过程中也需要调整先验约束而再次进行数据分析。两者相同的地方是,都需要有数据作为支撑,都需要掌握相关的统计学、计算科学、机器学习、可视化绘图工具等知识,都需要挖掘出数据的价值供用户、社会使用,提出正确的解决方案并进行预测决策。因此,数据分析师和数据挖掘师并没有明显的界限。本书也将以"数据分析"术语贯穿全书。图1.3所示是数据分析知识点。

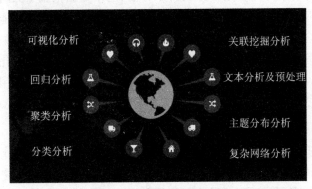

图1.3 数据分析知识点

1.2 相关技术

在讲述数据分析之前,先简单普及相关技术知识和概念。

1. 数据挖掘

数据挖掘(Data Mining)是指运用一定算法从大量的数据中搜索出隐藏于其中的有价值的信息的过程。它是一门迅速发展的交叉学科,通常与计算机科学、统计学、情报检索、机器学习和人工智能等领域有关,在很多领域中都有应用。数据挖掘涉及很多的算法,有基于机器学习的神经网络、决策树,也有基于统计学习理论的支持向量机、分类回归树,通常被划分为有监督学习(Supervised Learning)、无监督学习(Unsupervised Learning)和部分监督学习(Semi-supervised Learning)。

2. 机器学习

在计算领域中 Machine 一般指计算机,机器学习这个名词使用了拟人的手法,是让机器"学习"一门技术。但是,计算机是死的,怎么可能像人类一样"学习"呢?这里的"学习"是一个"举一反三"的过程,就是计算机对大量的历史数据进行训练,学习得到一个算法模型,再用该模型对新的数据集进行预测的过程,称为"学习"。同时,机器学习(Machine Learning)跟模式识别、统计学习、数据挖掘、计算机视觉、语音识别、自然语言处理等领域有着很大的联系。

3. 大数据

大数据(Big Data)是指无法在一定时间范围内用常规软件工具进行捕捉、管理和处理的数据集合。它是需要新处理模式才能具有更强的决策力、洞察发现力和流程优化能力的海量、高增长率和多样化的信息资产。大数据的 5V 特点(IBM 提出)是:Volume(大量)、Velocity(高速)、Variety(多样)、Value(价值)、Veracity(真实性)。

4. 数据科学

数据科学(Data Science)是指采用科学方法、运用数据挖掘工具对复杂多量的数字、符号、文字、网址、音频或视频等信息进行数字化重现与认识,并能寻找新的数据及价值的学科。数据科学涉及的学科包括:计算机科学(数据获取、数据解析、数据存放、数据安全)、数理统计学(数据分析、数据过滤、数据挖掘、数据优化)、图形设计学(显示数据结果,比如将数据表达成三维图形,以便更好地理解和利用)、人机交互学(在用户和数据之间建立有机联系,使得人对数据的使用更方便)等。

5. 有监督学习、无监督学习和部分监督学习

Web 数据挖掘和数据分析涉及大量的算法和技术,数据挖掘分为有监督学习(分类、回归)、无监督学习(聚类)和部分监督学习(半监督学习)3 个主题(见图 1.4)。

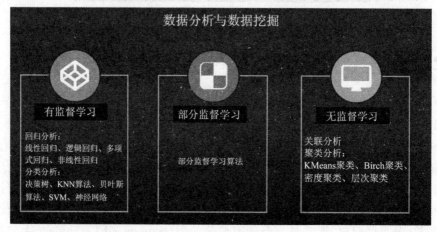

图 1.4 数据挖掘分类

(1) 有监督学习

有监督学习又称为监督学习,主要包括分类和回归,它是从有标记特定的训练数据中挖掘模式,来推断一个功能的机器学习过程。比如垃圾邮件分类器,在日常使用邮箱过程中,我们人为地对每一封邮件标注"是垃圾邮件"或"不是垃圾邮件",过一段时间,邮箱就会拥有一定的智能,能够自动过滤掉一些垃圾邮件,这就是一个有监督学习的案例。其中,这个选择的过程就涉及分类知识,它在给每一封邮件打"标签",并且这个标签只有两个值,要么是"垃圾邮件",要么"不是垃圾邮件"。邮箱会不断学习研究有哪些特点的邮件是垃圾邮件,哪些不是,形成一定的判别模式,当一封新的邮件到来时,就可以自动把该邮件分类到"垃圾邮件"或"不是垃圾邮件"这两个我们人工设定的类别中。

监督学习是存在标签(Label)的,它的本质就是找到特征和标签间的关系(Mapping)。这样当有特征而无标签的未知数据输入时,就可以通过已有的关系得到未知数据的标签。所以,训练数据有标签的就称为有监督学习。

(2) 无监督学习

如果数据没有标注标签则称为无监督学习,常用的分析方法是聚类。根据数据集之间的相似特性,按照"物以类聚,人以群分"的规律将相似数据划分成一堆。同时,无监督学习本身的特点使其难以得到如分类一样近乎完美的结果。在实际应用中,标签的获取需要大量的人工标注,有时工作量太大而导致难以完成,此时则需要采用无监督学习算法进行分析,所以无监督学习也是数据挖掘中非常重要的一个分支。

(3) 部分监督学习

有监督学习和无监督学习并非非黑即白的关系,二者之间还存在着半监督学习。对于半监督学习,其训练数据的一部分有标签,另一部分没有标签,而没标签数据的数量常常大于有标签数据的数量,这更加符合现实情况。

总之,数据分析已广泛应用于各行各业,如沃尔玛超市将牛奶与面包放在一起以促进销量;预测淘宝或京东商城的商品价格,当价格最低或很低时提醒用户购买;通过分析多年的水文历史数据来预测自然灾害,做好提前预警;根据用户需求建模分析,推荐用户购买保险的组合方式或购买哪支更赚钱的股票;医院通过组合药物更好地治疗疾病患者;学校通过分析学生的学习和生活习惯,得出影响学生成绩的因素,从而更好地因材施教。

1.3 Anaconda 开发环境

《爬取篇》一书中讲述的网络数据爬取都是采用的 Python 2.7.8 软件,它在配置其他扩展库时会调用 pip 或 easy_install 命令进行安装,过程比较复杂,尤其是在做数据分析、多个扩展库关联的情况下,总会因为各种问题而受阻,比如扩展库兼容性、编码问题等,从而降低读者的学习兴趣。那么,有没有集成好的开发环境供我们直接开发呢?

　　Python 和其他语言一样,Java 有 MyEclipse 集成环境,C♯有 Visual Studio 集成环境,R 语言有 R Studio 等,Python 也有各种集成环境,如 Pycharm、Anaconda 和 Eclipse 等。这里作者将使用 Anaconda 中的 Spyder 集成开发环境讲解数据分析,该环境已经配置了常用的数据分析扩展库供大家直接使用,如 NumPy、Matplotlib、Pandas 和 Sklearn 等。

　　Spyder 集成开发环境是一个开源的、轻量级的 Python 集成开发环境,可免费使用,非常适用于进行科学计算、数据分析等方面的 Python 开发。Spyder 可以运行于 Windows、Mac 或者 Linux 系统之上。

　　Anaconda 官方下载地址为:https://www.anaconda.com/download/。

　　对软件进行"傻瓜式"安装,非常方便,只需多次单击 Next 按钮即可(见图 1.5)。建议读者安装在 C 盘默认路径下,尽量避免安装在中文路径下,防止出现中文乱码等错误,如图 1.6 所示。

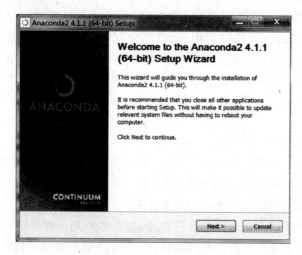

图 1.5　安装 Anaconda

　　安装成功后如图 1.7 所示,可以看到安装成功的 Anaconda、IPython、Jupyter 和 Spyder 等工具。同时,Jupyter 也是一个非常好用的 Python 编程环境,将代码运行在浏览器中,推荐读者使用。

　　这里使用 Spyder 编写 Python 程序,如图 1.8 所示,左边用于编写代码,右下角的 Console 是输出结果的地方,顶部可以设置环境的相关参数。

　　作者建议大家直接使用 Anaconda 中的 Sypder 集成开发环境进行编程学习,非常方便。如果使用 Python 官网提供的 IDLE 开发工具,则需要调用 pip 工具安装每章节对应的扩展库,也是可以实现对应章节实例代码的。

第 1 章　网络数据分析概述

图 1.6　设置 Anaconda 安装路径

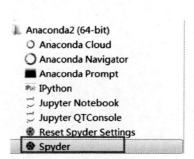

图 1.7　安装成功后的 Spyder

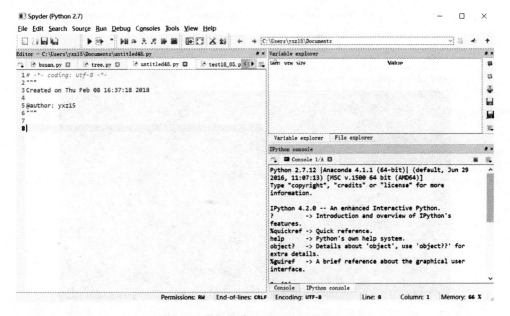

图 1.8　使用 Spyder 编写 Python 程序

但是，使用 Spyder 时可能会遇到一些问题，比如使用 Spyder 时 Editor 编辑框被不小心关闭了，则需要在 View 中的 Panes 子菜单中选择需要显示的菜单框，如图 1.9 所示。

Spyder 可能也会缺少一些扩展库，如 LDA、Jieba 工具、Selenium 等，则需要在 Anaconda 的 Scripts 目录下输入"pip install selenium"安装相应的扩展库，如图 1.10 所示。同时，可以在 Anaconda Prompt 里运行"conda install mysql-python"安装扩展库。

7

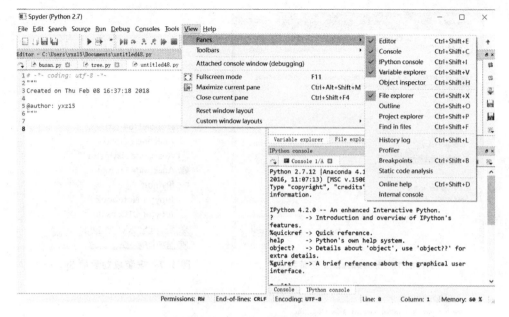

图 1.9 Spyder 调节编辑框

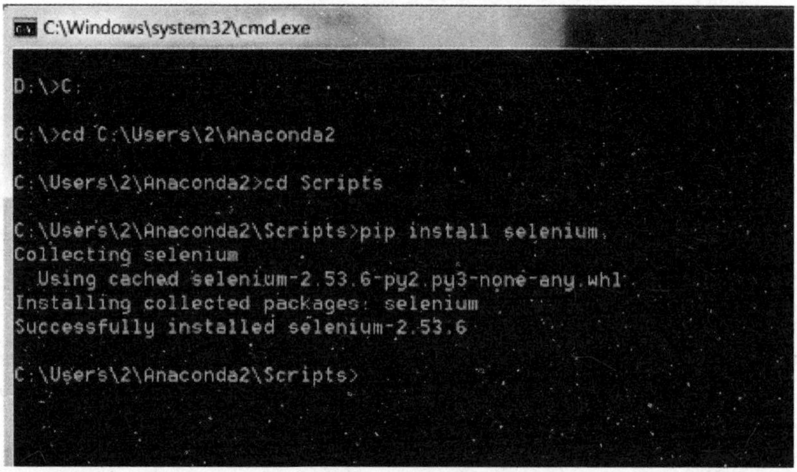

图 1.10 cmd 安装扩展库

也可以在 Spyder 中选择 Tools 菜单中的 Open command prompt 进行安装,如图 1.11 所示。

在使用 Spyder 软件绘制 Python 图形的过程中可能会遇到中文乱码的情况,此时需要导入下面几行代码解决该问题。

```
import matplotlib.pyplot as plt
plt.rcParams['font.sans-serif'] = ['SimHei']          #指定中文字体
```

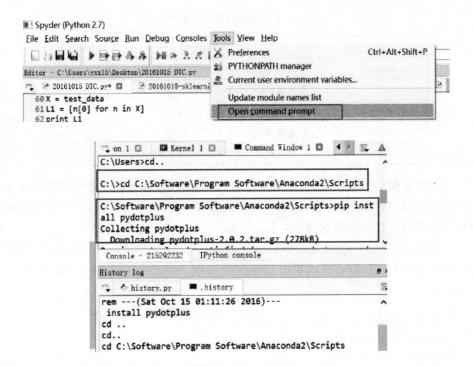

图 1.11 安装扩展库

1.4 常用数据集

在做数据分析之前,先给大家简单普及一下常用的数据集。数据集(Dataset)是一个数据的集合,通常以表格的形式呈现,每一列代表一个特征项,每一行对应数据集的一个成员。通常数据集包括特征值和标记变量。常见的数据集包括 Sklearn 机器学习库、UCI 数据集及其他数据集,也可以自定义爬虫爬取所需数据集。

1.4.1 Sklearn 数据集

Scikit-Learn 是 Python 数据分析或机器学习的经典扩展库,通常缩写为 Sklearn。Sklearn 中的机器学习模型是非常丰富的,包括线性回归、决策树、SVM、KMeans、KNN、PCA 等,用户可以根据具体分析问题的类型选择该扩展库的合适模型,从而进行数据分析。同样,该扩展库中也包括一些常用的数据集,供大家直接使用。

表 1.1 所列是由 Sklearn 机器学习库提供并能直接调用的数据集。

表 1.1　Sklearn 常用数据集

导入方法	数据集介绍	数据规模
load_boston()	加载和返回一个波士顿房价数据集	506×13
load_iris()	加载和返回一个鸢尾花数据集	150×4
load_diabetes	加载和返回一个糖尿病数据集	442×10
load_digits([n_class])	加载和返回一个手写字数据集	1797×64
load_linnerud()	加载和返回健身数据集,用于多分类	20

比如波士顿房价数据集,该数据集包含 506 组数据,每条数据都包含房屋以及房屋周围的详细信息,包含城镇犯罪率、一氧化氮浓度、住宅平均房间数、到中心区域的加权距离以及自住房平均房价等。

我们可以使用 sklearn.datasets.load_boston 加载波士顿房价数据集,数据集中包括两个变量:data(记录数据集中的房价数据)和 target(记录输出结果,即房价)。代码如下:

```
from sklearn.datasets import load_boston
boston = load_boston()
print boston.data.shape
print boston.data[:2]
print boston.target[:10]
```

输出结果如下,整个数据集包括 13 个特征、506 行数据,输出房价数据集中的前 2 行数据和前 10 行房价。

```
(506L, 13L)
[[  6.32000000e-03   1.80000000e+01   2.31000000e+00   0.00000000e+00
    5.38000000e-01   6.57500000e+00   6.52000000e+01   4.09000000e+00
    1.00000000e+00   2.96000000e+02   1.53000000e+01   3.96900000e+02
    4.98000000e+00]
 [  2.73100000e-02   0.00000000e+00   7.07000000e+00   0.00000000e+00
    4.69000000e-01   6.42100000e+00   7.89000000e+01   4.96710000e+00
    2.00000000e+00   2.42000000e+02   1.78000000e+01   3.96900000e+02
    9.14000000e+00]]
[ 24.   21.6  34.7  33.4  36.2  28.7  22.9  27.1  16.5  18.9]
```

1.4.2　UCI 数据集

UCI 数据集(见图 1.12)是加州大学欧文分校(University of California Irvine)提出的用于机器学习的数据集,这个数据库目前共有 335 个数据集,其数目还在不断增加。UCI 数据集是一个常用的标准测试数据集,常用于机器学习、数据分析等。

每个数据文件（*.data）都包含以"属性-值"键值对形式描述的样本记录，对应的 *.info 文件包含文档资料。

UCI 数据集下载官方地址为：http://archive.ics.uci.edu/ml/datasets.html。

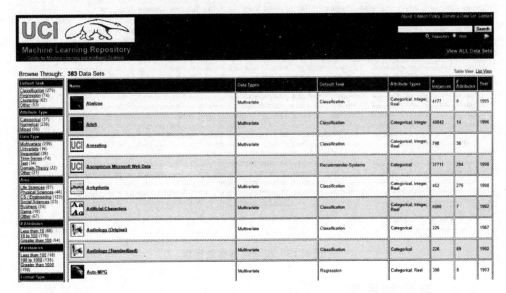

图 1.12　UCI 数据集

1.4.3　自定义爬虫数据集

自定义爬虫数据集主要参考《爬取篇》一书，比如爬取三大百科文本内容、招聘网站的信息、博客网站的信息、新浪微博数据集等。表 1.2 所列是获取的博客数据集内容，共包括 9 个特征，该数据集可以进行文档主题分布、博客作者关系、热点词频、文本聚类等分析。

表 1.2　博客数据集特征表

英文字段	中文含义	类型	长度	备注
ID	序号	INT	11	主键特征
URL	博客链接	VARCHAR	50	—
Author	博客作者	VARCHAR	50	—
Artitle	博客标题	VARCHAR	50	—
Description	博客摘要	VARCHAR	200	—
FBTime	发布日期	DATETIME	—	—
YDNum	阅读量	INT	11	—
PLNum	评论量	INT	11	—
DZNum	点赞数	INT	11	—

爬取博客数据集并存储至 MySQL 数据库后的结果如图 1.13 所示。

图 1.13 爬取的博客数据集

1.4.4 其他数据集

数据分析和数据挖掘应用中还存在很多其他的数据集供大家使用,这些数据集也能够做出非常不错的分析实验,能够给大家提供很大的帮助。下面简单介绍几种常见的数据集。

1. 泰坦尼克号数据集

这是一个公开的数据集,包括训练集 train.csv 和测试集 test.csv 两个文件。该数据集共有 12 个特征项,包括 PassengerId(乘客编号)、Survived(乘客是否存活)、Pclass(乘客所在的船舱等级)、Name(乘客姓名)、Sex(乘客性别)、Age(乘客年龄)、SibSp(乘客的兄弟姐妹和配偶数量)、Parch(乘客的父母与子女数量)、Ticket(票的编号)、Fare(票价)、Cabin(座位号)、Embarked(乘客登船码头),共有 891 位乘客的数据信息,根据该数据集可以分析哪些因素影响了乘客的存活率。

泰坦尼克号数据集下载地址:https://www.kaggle.com/c/titanic。

2. 大连商品交易所数据集

"大连商品交易所"的"行情数据"页面如图 1.14 所示,可以选择玉米、玉米淀粉、鸡蛋、聚乙烯、煤炭等数据。比如,下载的玉米数据集如图 1.15 所示,包括合约、日期、前收盘价、开盘价、成交量、成交金额等特征信息。

下载地址:http://www.dce.com.cn/dalianshangpin/xqsj/lssj/index.html。

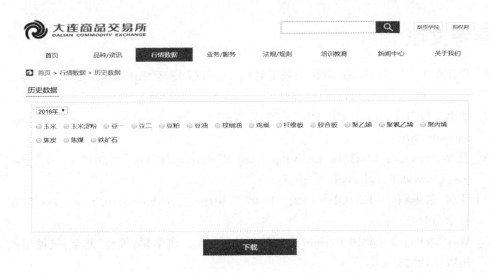

图 1.14　“大连商品交易所”的“行情数据”页面

	A	B	C	D	E	F	G	H	I	J	K	L	M	N	O
1	ROWNUM	合约	日期	前收盘价	前结算价	开盘价	最高价	最低价	收盘价	结算价	涨跌1	涨跌2	成交量	成交金额	持仓量
2	1	c1601	20160104	2099	2093	2108	2128	2083	2083	2101	-10	8	2294	48209060	4010
3	2	c1601	20160105	2083	2101	2080	2080	2080	2080	2080	-21	-21	4	83200	3998
4	3	c1601	20160106	2080	2080	0	0	0	2081	2081	1	1	0	0	2008
5	4	c1601	20160107	2081	2081	0	0	0	2082	2082	1	1	0	0	1866
6	5	c1601	20160108	2082	2082	2119	2119	2119	2119	2119	37	37	2	42380	1864
7	6	c1601	20160111	2119	2119	2050	2050	2050	2050	2050	-69	-69	26	533000	1864
8	7	c1601	20160112	2050	2050	0	0	0	2050	2050	0	0	0	0	1664
9	8	c1601	20160113	2050	2050	0	0	0	2050	2050	0	0	0	0	1664
10	9	c1601	20160114	2050	2050	2040	2040	2040	2040	2040	-10	-10	14	285600	1090
11	10	c1601	20160115	2040	2040	1950	1980	1950	1950	2086	-90	46	260	5088000	0
12	11	c1603	20160104	1986	1967	1949	1991	1949	1969	1968	2	1	44	866260	454
13	12	c1603	20160105	1969	1968	1963	1980	1963	1980	1964	12	-4	28	549980	480
14	13	c1603	20160106	1980	1964	1966	1976	1959	1973	1960	9	-4	82	1607920	538
15	14	c1603	20160107	1973	1960	1964	1964	1951	1958	1959	-2	-1	168	3291200	658
16	15	c1603	20160108	1958	1959	0	0	0	1959	1959	0	0	0	0	658
17	16	c1603	20160111	1959	1959	0	0	0	1956	1956	-3	-3	0	0	658
18	17	c1603	20160112	1956	1956	0	0	0	1956	1956	0	0	0	0	658
19	18	c1603	20160113	1956	1956	1966	1966	1949	1949	1955	-7	-1	12	234620	664
20	19	c1603	20160114	1949	1955	1946	1980	1935	1935	1953	-20	-2	16	312600	662

图 1.15　大连商品交易所的玉米数据集

1.5　本章小结

随着 Python 语言的持续火热，越来越多的程序员、学生或编程爱好者选它作为编程语言。Python 可以应用在 Web 开发、数据分析、人工智能、图形界面、自动化测试、Linux 运维等领域。本章主要讲解数据分析的基础知识以及 Python 用于数据分析领域的原因，同时补充了 Anaconda 开发环境及常用数据集的相关内容。接下来让作者带领大家走进数据分析的海洋，真正快乐地体会数据分析的乐趣，并将其应用于自己的研究领域或工作爱好中。

参考文献

[1] 搬砖小工053. sklearn数据加载工具(1)-CSDN博客[EB/OL].[2017-11-07]. http://blog.csdn.net/sa14023053/article/details/52086695.

[2] 佚名. UCI Dataset[EB/OL].[2017-11-07]. http://archive.ics.uci.edu/ml/datasets.html.

[3] 佚名. Titanic：Machine Learning from Disaster[EB/OL].[2017-11-07]. https://www.kaggle.com/c/titanic.

[4] 佚名. 数据科学[EB/OL].[2017-11-07]. https://baike.baidu.com/item/数据科学/16493446.

[5] Wes McKinney. 利用Python进行数据分析[M]. 唐学韬,等译. 北京：机械工业出版社,2013.

第 2 章
Python 数据分析常用库

　　Python 提供了若干第三方库来支持数据分析,常见的数据分析库包括 Numpy、Pandas、Matplotlib 和 Sklearn 等。本章将结合这 4 个扩展库的用法和实例进行详细介绍。

2.1　常用库

　　Python 数据分析常用库有 NumPy、SciPy、Pandas、Sklearn、Matplotlib、NetworkX 和 Gensim 等,如表 2.1 所列。

表 2.1　Python 数据分析常用库介绍

库名称	含　义	调用库的简单示例
NumPy	提供数值计算的扩展库,拥有高效的处理函数和数值编程工具,用于数组、矩阵和矢量化等科学计算操作。很多扩展库都依赖于它	import numpy as np np.array([2,0,1,5,8,3]) #生成数组
SciPy	SciPy 是一个开源的数学、科学和工程计算库,提供矩阵支持,以及矩阵相关的数值计算模块。它是一款方便、易于使用、专为科学和工程设计的 Python 工具库,包括统计、优化、整合、线性代数模块、傅里叶变换、信号和图像处理、常微分方程求解器等	from scipy import linalg linalg.det(arr) #计算矩阵行列式
Pandas	Pandas 是 Python 强大的数据分析和探索数据的工具库,旨在简单直观地处理"标记"和"关系"数据。Pandas 提供了大量能使我们快速简便地处理数据、聚合数据可视化绘图的函数和方法,支持类似于 SQL 语句的模型,支持时间序列分析,能够灵活地处理分析数据	import pandas as pd pd.read_csv('test.csv') #读取数据

续表 2.1

库名称	含义	调用库的简单示例
Sklearn	Sklearn 为常见的机器学习算法提供了一个简洁而规范的分析流程,包含多种机器学习算法。该库结合了高质量的代码和良好的文档,使用起来非常方便,并且代码性能很好。该库实际上就是用 Python 进行机器学习的行业标准	from sklearn import linear_model linear_model.LinearRegression() #调用线性回归模型
Matplotlib	Matplotlib 是 Python 强大的数据可视化工具、2D 绘图库,可以轻松生成简单而强大的可视化图形,可以绘制散点图、折线图、饼状图等图形。但由于其库本身过于复杂,绘制的图需要大量调整才能变精致	import matplotlib.pyplot as plt plt.plot(x,y,'o') #绘制散点图
Seaborn	Seaborn 是由斯坦福大学提供的一个 Python 绘图库,绘制的图表更加赏心悦目,更关注统计模型的可视化,如热图。Seaborn 能理解 Pandas 的 DataFrame 类型,所以它们可以一起很好地工作	import seaborn as sns sns.distplot(births['a'], kde=False) #绘制直方图
NetworkX	NetworkX 是一个用于创建、操作、研究复杂网络结构、动态和功能的 Python 扩展库。NetworkX 库支持图的快速创建,可以生成经典图、随机图和综合网络,其节点和边都能存储数据、权重,是一个非常实用的、支持图算法的复杂网络库	import networkx as nx DG = nx.DiGraph() #导入库并创建无多重边有向图
Gensim	Gensim 是一个从非结构的文本中挖掘文档语义结构的扩展库,它无监督地学习到文本隐层的主题向量表达。Gensim 实现了潜在语义分析(LSA)、LDA 模型、TF-IDF、Word2vec 等在内的多种主题模型算法,并提供了诸如相似度计算等 API 接口	from gensim import models tfidf = models.TfidfModel(data) #调用 TF-IDF 模型
NLTK	NLTK 是自然语言工具库(Natural Language Toolkit),用于符号和统计自然语言处理的常见任务,旨在促进自然语言处理及其相关领域的教学和研究。常见功能包括文本标记、实体识别、提取词干、语义推理等	from nltk.book import * text1.concordance("monstrous") #搜索文本功能

续表 2.1

库名称	含义	调用库的简单示例
Statsmodels	Statsmodels 是一个包含统计模型、统计测试和统计数据挖掘的 Python 模块,用户通过它的各种统计模型估计方法来进行统计分析,包括线性回归模型、广义线性模型、时间序列分析模型、各种估计量等算法	import statsmodels.api as sm results = sm.OLS(y, X).fit() #回归模型
TensorFlow	TensorFlow 是一个开源的数据流图计算库,是 Google 公司于 2015 年 11 月开源的第二代深度学习框架。它使用数据流图进行数值分析,TensorFlow 使用有向图表示一个计算任务,图的节点表示对数据的处理,图的边 Flow 描述数据的流向,tensor(意为张量)表示数据,它的多层节点系统可以在大型数据集上快速训练人工神经网络。其他常见的深度学习框架或库是 Theano、Keras	import tensorflow as tf x = tf.constant(1.0) #输入一个常量

接下来将对其中比较重要且常用的 4 个扩展库(NumPy、Pandas、Matplotlib 和 Sklearn)进行简单介绍。关于这些库的更多实例应用将在后续实例中讲解。

注意:本书推荐读者使用 Anaconda 中的集成环境,该环境已经集成安装了所使用的数据分析扩展库,安装后可以直接调用,详见第 1 章中的安装流程。如果使用官网的 Python 2.7.8 版本,则需要使用 pip 命令安装各种扩展库,相对来说比较麻烦。

2.2 NumPy

NumPy(Numeric Python)是 Python 提供的数值计算扩展库,拥有高效的处理函数和数值编程工具,专用于进行严格的数字处理时的科学计算。比如,矩阵数据类型、线性代数、矢量处理等。这个库的前身是 1995 年就开始开发的一个用于数组运算的库,经过长时间的发展,基本成为绝大部分 Python 科学计算的基础库,当然也包括提供给 Python 接口的深度学习框架。

由于 Python 没有提供数组(虽然列表(List)可以完成数组操作,但不是真正意义上的数组),所以当数据量增大时,其速度很慢,故提供了 NumPy 扩展库完成数组操作。很多高级扩展库也依赖于它,比如 Scipy、Matplotlib 和 Pandas 等。

2.2.1 Array 用法

Array 是数组,它是 NumPy 库中最基础的数据结构,NumPy 可以很方便地创建各种不同类型的多维数组,并且执行一些基础操作。一维数组常见操作代码如下:

test02_01.py

```
# 导入库并重命名为 np
import numpy as np

# 定义一维数组
a = np.array([2, 0, 1, 5, 8, 3])
print u'原始数据:', a

# 输出最大值、最小值及形状
print u'最小值:', a.min()
print u'最大值:', a.max()
print u'形状 ', a.shape
```

输出结果如下：

原始数据：[2 0 1 5 8 3]
最小值：0
最大值：8
形状 (6L,)

通过 np.array() 定义了一个数组[2, 0, 1, 5, 8, 3]，其中，min() 用于计算最小值，max() 用于计算最大值，shape 表示数组的形状，因为是一维数组，故形状为6L（6个数字）。

同时，对于 NumPy 库，最重要的一个知识点是数组的切片操作。在数据分析过程中，通常会对数据集进行划分，比如将训练集和测试集分割为"80%-20%"或"70%-30%"的比例，通常采用的方法就是切片。代码如下：

```
# 数据切片
print u'切片操作:'
print a[:-2]
print a[-2:]
print a[:1]
```

说明：

- a[:-2]表示从头开始获取，"-2"表示后面两个值不取，结果为[2 0 1 5]。
- a[-2:]表示起始位置从后往前数两个数字，获取数字至结尾，即获取最后两个值[8 3]。
- a[:1]表示从头开始获取，获取1个数字，即[2]。

下面输出 Array 数组的类型，即 numpy.ndarray，并调用 sort() 函数排序，代码如下：

```
# 排序
print type(a)
a.sort()
```

```
print u'排序后:', a
# <type 'numpy.ndarray'>
#排序后：[0 1 2 3 5 8]
```

2.2.2 二维数组操作

利用 Array 定义二维数组,如[[1,2,3],[4,5,6]]。图 2.1 所示为二维数组的常见操作,定义了 6×6 的矩阵。

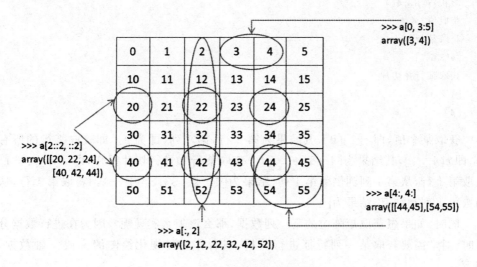

图 2.1 二维数组的常见操作

说明：

- a[0,3:5]表示获取第 1 行的第 4 和 5 列的两个值,即[3,4]。注意数组 a[0]表示获取第一个值,同理,a[3]表示获取第 4 个值。
- a[4:,4:]表示从第 5 行开始,获取后面所有行的数据,列也是从第 5 列开始,获取后面所有列的数据,输出结果为[[44,45],[54,55]]。
- a[2::2,::2]表示从第 3 行开始获取,每次空一行,故获取第 3、5 行的数据；同时列从头开始获取,每次空一列,故获取第 1、3、5 列的数据,输出结果为[[20,22,24],[40,42,44]]。

基础代码如下：

test02_02.py

```
#定义二维数组
import numpy as np
c = np.array([[1, 2, 3, 4],[4, 5, 6, 7],[7, 8, 9, 10]])
print u'形状:', c.shape
```

```
print u'获取值:', c[1][0]
print u'获取某行:'
print c[1][:]
print u'获取某行并切片:'
print c[0][:-1]
print c[0][-1:]
```

输出结果如下：

```
形状:(3L, 4L)
获取值:4
获取某行:
[4 5 6 7]
获取某行并切片:
[1 2 3]
[4]
```

获取某个值，即c[1][0]，其结果为第2行，第1列，即为4。即获取某行的所有值，即c[1][:]，其结果为[4 5 6 7]。获取某行并进行切片操作，即c[0][:-1]获取第1行，从第1列到倒数第1列，结果为[1 2 3]；c[0][-1:]获取第1行，从倒数第1列到结束，结果为[4]。

同时，如果想获取矩阵中的某一列数据，那么该怎么实现呢？因为在进行数据分析时，通常需要获取某一列特征进行分析，或者作为可视化绘图的x或y轴数据，如下：

```
[[1, 2, 3, 4],
 [4, 5, 6, 7],
 [7, 8, 9,10]]
```

比如，需要获取第3列数据[3，6，9]，代码如下：

```
#获取具体某列值
print u'获取第3列:'
print c[:,np.newaxis, 2]
#获取第3列:
# [[3]
# [6]
# [9]]
```

其他操作，包括调用函数、定义数组等，代码如下：

```
#调用sin函数和2的3次方
print np.sin(np.pi/6)
print type(np.sin(0.5))
```

```
f = np.power(2,3)
#范围定义
print np.arange(0,4)
print type(np.arange(0,4))
#调用求和函数、平均值函数、标准差函数
print np.sum([1,2,3,4])
print np.mean([4,5,6,7])
print np.std([1,2,3,2,1,3,2,0])
```

输出结果如下:

```
0.5
<type 'numpy.float64'>
8
[0 1 2 3]
<type 'numpy.ndarray'>
10
5.5
0.96824583655185426
```

同时,NumPy扩展库的线性代数模块(Linalg)和随机模块(Random)也是非常重要的模块,但本书主要利用NumPy扩展库完成数组和矩阵操作,其他内容请读者自行学习。

2.3 Pandas

Pandas(Panel Data,面板数据)是Python最强大的数据分析和探索工具之一,因金融数据分析工具而开发,支持类似于SQL语句的模型,可以对数据进行增删改查等操作,支持时间序列分析,能够灵活地处理缺失的数据。首先声明该扩展库的功能非常强大,作者只是讲述了它的基本功能,后面随着学习的深入会讲述更多它的用法,同时也建议读者自行学习。第3章将详细介绍Pandas可视化绘图方法。

Pandas可以进行统计特征函数计算,包括均值、方差、标准差、分位数、相关系数和协方差等,这些统计特征能反映数据的整体分布。

- sum():用于计算数据样本的总和。
- mean():用于计算数据样本的算术平均值。
- std():用于计算数据样本的标准差。
- Cov():用于计算数据样本的协方差矩阵。
- var():用于计算数据样本的方差。
- describe():用于描述数据样本的基本情况,包括均值、标准差等。

Pandas中最重要的是Series和DataFrame子类,其导入方法如下:

```
from pandas import Series, DataFrame
import pandas as pd
```

下面分别从读/写文件、Series 和 DataFrame 的用法方面进行讲解,其中,利用 Pandas 读/写 CSV 文件、Excel 文件是进行数据分析时非常重要的基础手段。

2.3.1 读/写文件

读/写文件常用的方法如下,包括读/写 Excel 文件、CSV 文件和 HDF5 文件等。

```
#将数据写入 Excel 文件,文件名为 foo.xlsx
df.to_excel('foo.xlsx', sheet_name = 'Sheet1')
#从 Excel 文件中读取数据
pd.read_excel('foo.xlsx', 'Sheet1', index_col = None, na_values = ['NA'])

#将数据写入 CSV 文件,文件名为 foo.csv
df.to_csv('foo.csv')
#从 CSV 文件中读取数据
pd.read_csv('foo.csv')

#将数据写入 HDF5 文件存储
df.to_hdf('foo.h5','df')
#从 HDF5 文件中读取数据
pd.read_hdf('foo.h5','df')
```

下面通过一个具体的实例数据集来讲解 Pandas 的用法。该数据集共包含 3 列数据,分别是用户 A、用户 B、用户 C 的消费金额,共 10 行,对应 10 天的消费情况,并且包含缺失值,如表 2.2 所列。

表 2.2 消费数据集

序 号	用户 A	用户 B	用户 C
1	235.83	324.03	478.32
2	236.27	325.63	515.45
3	238.05	328.08	517.09
4	235.90		514.89
5	236.76	268.82	
6		404.04	486.09
7	237.41	391.26	516.23
8	238.65	380.81	
9	237.61	388.02	435.35
10	238.03	206.43	487.675

Pandas 读取数据的简易代码如下：

test02_03.py

```
#encoding=utf-8
import pandas as pd

#读取数据,其中参数header设置Excel无标题头
data = pd.read_excel("test02.xls", header = None)
print data

#计算数据长度
print u'行数', len(data)
#对用户A、B、C的消费金额求和
print data.sum()
#计算用户A、B、C消费金额的算术平均值
mm = data.sum()
print mm
#输出并预览前5行数据
print u'预览前5行数据'
print data.head()
```

调用 Pandas 扩展库的 read_excel() 函数读取"test02.xls"表格文件,参数"Header=None"表示不读取标题头,然后输出 data 数据。data.sum()表示对 3 个用户的消费金额求和,data.head()表示输出预览前 5 行数据。输出数据如下,NaN 表示空值(Not a Number)。

```
     0    1       2       3
0    1    235.83  324.03  478.320
1    2    236.27  325.63  515.450
2    3    238.05  328.08  517.090
3    4    235.90  NaN     514.890
4    5    236.76  268.82  NaN
5    6    NaN     404.04  486.090
6    7    237.41  391.26  516.230
7    8    238.65  380.81  NaN
8    9    237.61  388.02  435.350
9    10   238.03  206.43  487.675
行数 10
0       55.000
1     2134.510
2     3017.120
3     3951.095
```

```
dtype: float64
0      55.000
1    2134.510
2    3017.120
3    3951.095
dtype: float64
```

预览前 5 行数据

```
   0   1       2       3
0  1  235.83  324.03  478.32
1  2  236.27  325.63  515.45
2  3  238.05  328.08  517.09
3  4  235.90  NaN     514.89
4  5  236.76  268.82  NaN
```

同时，Pandas 提供 describe() 函数输出数据的基本信息，包括 count()、mean()、std()、min() 和 max() 等函数。代码如下：

```
#输出数据基本统计量
print u'输出数据基本统计量'
print data.describe()
```

输出数据基本统计量

```
              0           1           2           3
count  10.00000    9.000000    9.000000    8.000000
mean    5.50000  237.167778  335.235556  493.886875
std     3.02765    1.021161   65.198685   28.565643
min     1.00000  235.830000  206.430000  435.350000
25%     3.25000  236.270000  324.030000  484.147500
50%     5.50000  237.410000  328.080000  501.282500
75%     7.75000  238.030000  388.020000  515.645000
max    10.00000  238.650000  404.040000  517.090000
```

更多 Pandas 可视化绘图操作请参考 3.2 节。

2.3.2 Series

Series 是一维标记数组，可以存储任意数据类型，包括整型、字符串、浮点型和 Python 对象等，轴标一般指索引。

首先，通过传递一个 List 对象来创建一个 Series，其默认创建整型索引。代码如下：

test02_04.py

```python
from pandas import Series, DataFrame
```

```python
a = Series([4, 7, -5, 3])
print u'创建 Series:'
print a
```

输出结果如下,默认为 0~4 的整型索引。

```
创建 Series:
0    4
1    7
2   -5
3    3
dtype: int64
```

然后,创建一个带有索引的 Series,从而确定每个数据点的 Series。Series 的一个重要功能是在算术运算中自动对齐不同索引的数据。

```python
b = Series([4, 7, -5, 3], index = ['d', 'b', 'a', 'c'])
print u'创建带有索引的 Series:'
print b
```

输出结果如下:

```
创建带有索引的 Series:
d    4
b    7
a   -5
c    3
dtype: int64
```

如果一个 Python 字典有一些数据,则可以通过传递字典来创建一个 Series。

```python
sdata = {'Ohio': 35000, 'Texas': 71000, 'Oregon': 16000, 'Utah': 5000}
c = Series(sdata)
print u'通过传递字典创建 Series:'
print c

states = ['California', 'Ohio', 'Oregon', 'Texas']
d = Series(sdata, index = states)
print u'California 没有字典为空:'
print d
```

输出数据如下:

```
通过传递字典创建 Series:
Ohio      35000
Oregon    16000
```

```
Texas      71000
Utah        5000
dtype: int64
California 没有字典为空：
California        NaN
Ohio          35000.0
Oregon        16000.0
Texas         71000.0
dtype: float64
```

注意：Series、NumPy 中的一维数组（Array）与 Python 基础数据结构 List 的区别是：List 中的元素可以是不同的数据类型，而 Array 和 Series 中只允许存储相同的数据类型，这样可以更有效地使用内存，提高运算效率。

2.3.3 DataFrame

DataFrame 是一种二维标记数据结构，列可以是不同的数据类型。它是常用的 Pandas 对象，和 Series 一样可以接收多种输入，包括 Lists、Dicts、Series 和 DataFrame 等。初始化对象时，除了数据外，还可以传递 index 和 columns 这两个参数。

下面简单讲解 DataFrame 常用的 3 种方法。

① 在 Pandas 中用函数 isnull()和 notnull()来检测数据丢失，如 pd.isnull(a)、pd.notnull(b)。Series 也提供了这些函数的实例方法，如 a.isnull()。

② Pandas 提供了大量的方法，能够轻松地对 Series、DataFrame 和 Panel 对象进行符合各种逻辑关系的合并操作，比如 Concat、Merge(类似于 SQL 类型的合并)、Append(将一行连接到一个 DataFrame 上)。

③ 由于 DataFrame 中常常会出现重复行，故其提供了 Duplicated 方法用于返回一个布尔型 Series，表示各行是否是重复行；还提供一个 drop_duplicated 方法，用于返回一个移除了重复行的 DataFrame。

总之，Pandas 是非常强大的一个数据分析库，它的很多功能都需要读者自己去慢慢摸索。

2.4 Matplotlib

Matplotlib 是 Python 强大的数据可视化工具、2D 绘图库(2D Plotting Library)，可以方便地创建海量类型的 2D 图表和一些基本的 3D 图表，类似于 MATLAB 和 R 语言。Matplotlib 提供了一整套与 MATLAB 相似的命令 API，十分适合进行交互式制图，而且也可以方便地将它作为绘图控件，嵌入 GUI 应用程序中。

注：Matplotlib 是神经生物学家 John D. Hunter 于 2007 年创建的，其函数设计参考了 MATAB，现在在 Python 的各个科学计算领域都得到了广泛应用。

Matplotlib 官网地址为：http://matplotlib.org/。Matplotlib 库官网如图 2.2 所示。

图 2.2　Matplotlib 库官网

2.4.1　基础用法

Matplotlib 库常用的函数如下：
- Plot()：用于绘制二维图、折线图，其格式为 plt.plot(X,Y,S)。其中，X 为横轴，Y 为纵轴，S 为指定绘图的类型、样式和颜色，详见表 2.3。
- Pie()：用于绘制饼状图（Pie Plot）。
- Bar()：用于绘制条形图（Bar Plot）。
- Hist()：用于绘制二维条形直方图。
- Scatter()：用于绘制散点图。

表 2.3　绘图常见的类型、样式和颜色

字母及符号参数	类　　型	含　　义
b		Blue,蓝色
c		Cyan,青色
g		Green,绿色
k	线条颜色	Black,黑色
m		Magenta,品红色
r		Red,红色
w		White,白色
y		Yellow,黄色

续表 2.3

字母及符号参数	类型	含义
-	线条样式	线条为实线(Solid Line)
--		线条为虚线(Dashed Line)
-.		线条为点画线(Dash-dot Line)
:		线条为点线(Dotted Line)
.	Marker 样式	Marker 点(Point)样式
o		Marker 圆圈(Circle)样式
*		Marker 星形(Star)样式
x		Marker 十字架(Cross)样式
s		Marker 正方形(Square)样式
p		Marker 五角星(Pentagon)样式
D/d		Marker 钻石(Diamond)样式,d 小钻石
H/h		Marker 六角形(Hexagon)样式
+		Marker 加号样式
— |		Marker 水平线样式,"|"使用竖直线样式
v ˆ < >		分别是向下、向上、向左、向右箭头
1 2 3 4		分布是 Tripod 向下、向上、向左、向右

例如 plt.scatter(x, y, c=y_pred, marker='o', s=200),表示绘制散点图(Scatter),横轴为 x,纵轴为 y,"c=y_pred"表示对聚类的预测结果画出散点图,"marker='o'"表示用圆圈(Circle)绘图,"s"表示设置尺寸大小(Size)。

2.4.2 绘图简单示例

Matplotlib 绘图主要包括以下几个步骤:
① 导入 Matplotlib 扩展库及其子类。
② 设置绘图的数据及参数,数据通常是经过 Sklearn 机器学习库分析后的结果。
③ 调用 Matplotlib.pyplot 子类的 Plot()、Pie()、Bar()、Hist()、Scatter()等函数进行绘图。
④ 设置绘图的 x 轴、y 轴、标题、网格线、图例等内容。
⑤ 调用 show()函数显示已绘制的图形。

文件 test02_05.py 是调用 Matplotlib 绘制柱状图的源码,该源码结合 Pandas 扩展库读取表 2.2 的用户消费数据,分别是用户 A、用户 B、用户 C 十天的消费数据。

完整代码如下:

test02_05.py

```python
# encoding = utf-8
import pandas as pd
import numpy as np
import matplotlib.pyplot as plt

data = pd.read_csv("test02_03.csv", header = None)
print data
mm = data.sum()                                    # 求和
print mm[1:]                                       # 第1列为序号,取后面3列值

ind = np.arange(3)                                 # 3个用户:0、1、2
width = 0.35                                       # 设置宽度
x = [u'用户 A', u'用户 B', u'用户 C']
plt.rc('font', family = 'SimHei', size = 13)       # 中文字体显示

# 绘图
plt.bar(ind, mm[1:], width, color = 'r', label = 'sum num')
plt.xlabel(u"用户")
plt.ylabel(u"消费数据")
plt.title(u"用户消费数据对比柱状图")
plt.legend()
# 设置底部名称
plt.xticks(ind + width/2, x, rotation = 40)        # 旋转40°
plt.show()
```

下面详细讲解上述代码中的核心代码:

● data = pd.read_csv("test02_03.csv", header=None)。

调用 Pandas 扩展库的 read_cvs() 函数读取 test02_03.csv 文件,将数据存储至 data 变量中。

● mm = data.sum()。

调用 data.sum() 函数求和,返回值为[55, 2 134.510, 3 017.120, 3 951.095],对应3个用户的消费金额总和,第1列为10行数据序号求和。

● import matplotlib.pyplot as plt。

导入 matplotlib.pyplot 扩展库,pyplot 是用于画图的方法,重命名为 plt 变量,以方便调用。比如,显示图形时调用 plt.show() 函数即可,而不用调用 matplotlib.pyplot.show() 函数。

● plt.bar(ind, mm[1:], width, color='r', label='sum num')。

plt.bar()函数用于绘制条形图(Bar Plot)。参数 ind 的值为[0,1,2],表示3个用户的序号;mm[1:]对应柱状图的高度,其值为3个用户消费金额的总和(从第2个值开始获取);width 表示柱状图之间的间隔,即 0.35;color 用于设置柱状图的颜色,r 表示红色;label 用于设置右上角的图形标注,自定义赋值为"sum num"。

- plt.title(u"用户消费数据对比柱状图")。

设置绘制图形的标题为"用户消费数据对比柱状图"。

- plt.xlabel(u"用户")。

该代码表示绘制图形的 x 轴标题,即为"用户"。

- plt.ylabel(u"消费数据")。

该代码表示绘制图形的 y 轴标题,即为"消费数据"。

- plt.legend()

该代码表示设置图形的图例,如图 2.3 右上角显示的"sum num"图例。

- plt.show()

该代码表示调用 pyplot.show()函数将填充数据的图形显示出来。

输出结果如图 2.3 所示。

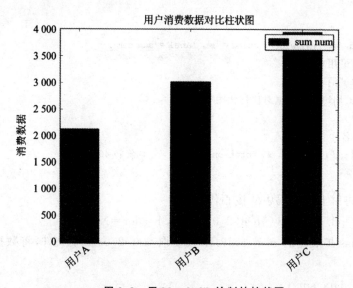

图 2.3　用 Matplotlib 绘制的柱状图

注意:Matplotlib 显示中文时通常为乱码,如果想在图表中显示中文字符、负号等,则需要使用如下代码进行设置。

```
import matplotlib.pyplot as plt
plt.rcParams['font.sas-serig'] = ['SimHei']      # 正常显示中文标签
plt.rcParams['axes.unicode_minus'] = False       # 正常显示负号
```

2.5 Sklearn

学习 Python 数据分析或机器学习就要知道 Sklearn 扩展库,它是用于 Python 数据挖掘和数据分析经典、实用的扩展库。Sklearn 中的机器学习模型是非常丰富的,包括线性回归、决策树、SVM、KMeans、KNN、PCA 等,用户可以根据具体问题的类型选择该扩展库的合适模型,从而进行数据分析。本书绝大部分内容都是基于该扩展库的,推荐大家自行学习 Sklearn 官网(见图 2.4)的模型用法和实例文档。

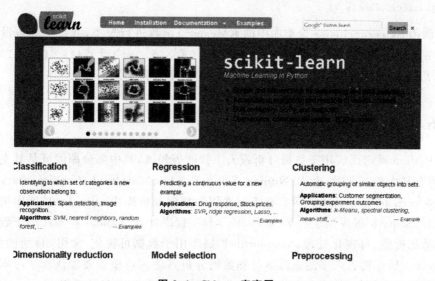

图 2.4　Sklearn 库官网

Sklearn 的基本功能主要包括 6 个:回归(Regression)、分类(Classification)、聚类(Clustering)、数据降维(Dimensionality reduction)、模型选择(Model selection)和数据预处理(Preprocessing),如图 2.5 所示。

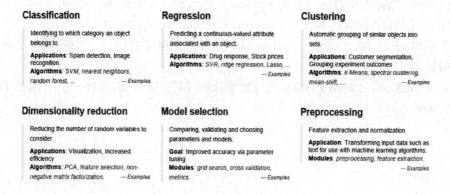

图 2.5　Sklearn 包含的基本功能

例如对 X、Y 数组进行简单聚类分析，代码如下：

test02_06.py

```
from sklearn.cluster import KMeans
X = [[1],[2],[3],[4],[5]]
y = [4,2,6,1,3]
clf = KMeans(n_clusters = 2)
clf.fit(X,y)
print(clf)
print(clf.labels_)
```

调用 Sklearn.cluster 聚类库中的 KMeans()函数进行聚类，并将类簇数设置为 2，即 n_clusters＝2，则输出的类标签为[1 1 0 0 0]，表示前 2 个点(1,4)、(2,2)为第 1 类，后 3 个点(3,6)、(4,1)、(5,3)为第 0 类。更多聚类知识详见第 5 章。

2.6　本章小结

　　Python 被广泛应用于数据分析或人工智能等领域，其中部分原因就是其支持开源，拥有强大的扩展库，比如 Numpy、Scipy、Pandas、Matplotlib、Gensim、Statsmodels、Sklearn 和 Tensorflow 等。在本书常用的数据分析库中，NumPy 扩展库用于数值计算；Scipy 扩展库用于数学、矩阵、科学和工程库计算；Pandas 扩展库用于数据分析和数据探索、可视化处理；Matplotlib 扩展库用于数据可视化、常用 2D 绘图领域；Sklearn 扩展库拥有众多的机器学习和数据分析算法。希望读者能认真学习本章讲解的扩展库案例，后续章节也将围绕这些扩展库走进数据分析的世界。

参考文献

[1] 达闻西. 给深度学习入门者的 Python 快速教程－numpy 和 Matplotlib 篇[EB/OL].[2017-11-14]. https://zhuanlan.zhihu.com/p/24309547.

[2] 张良均,王路,谭立云,等. Python 数据分析与挖掘实战[M]. 北京：机械工业出版社,2016.

[3] Wes McKinney. 利用 Python 进行数据分析[M]. 唐学韬,等译. 北京：机械工业出版社,2013.

第 3 章 Python 可视化分析

可视化技术是将数据转换成图形或图像呈现在屏幕上,然后再进行视觉交互。在数据分析中,可视化是非常重要的环节,它通过呈现图形图像直观地体现数据或算法的好坏,给用户最直观的视觉信息。本章主要介绍用 Matplotlib 和 Pandas 扩展库绘图的基础用法,同时引入 ECharts 技术,该技术主要应用于网站可视化展示中,这里以实例为主,给读者最直观的图形感受。

3.1 Matplotlib 可视化分析

3.1.1 绘制曲线图

首先简单地绘制 3 条直线,其斜率分别为 0.5、1.5 和 3.0,完整代码如下:

test03_01.py

```
# 导入扩展库
import numpy as np
import matplotlib.pyplot as plt
X = np.arange(0,4)
print X
# 绘制图形
plt.plot(X, X * 0.5, label = "y = x * 0.5")
plt.plot(X, X * 1.5, label = "y = x * 1.5")
plt.plot(X, X * 3.0, label = "y = x * 3.0")
plt.legend()
plt.show()
```

其中,X 为数组[0,1,2,3],"X * 0.5"表示数组元素都乘以 0.5,其结果为[0,

0.5,1.0,1.5],同理,"X * 1.5"的结果为[0.0,1.5,3.0,4.5]。输出结果如图 3.1 所示。

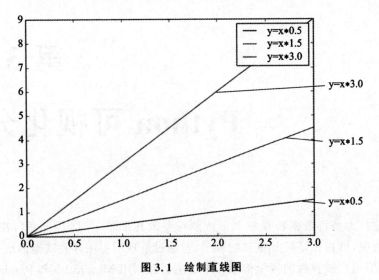

图 3.1　绘制直线图

test03_01.py 文件中的"import matplotlib.pyplot as plt"表示调用 Matplotlib 子类 pyplot 绘图,"as"重命名为"plt",以方便代码调用;"plt.plot(X,X * 0.5,label="y=x*0.5")"表示调用 plot()绘图,参数分别为 X 轴、Y 轴和标签 label;plt.legend()用于显示右上角的图标,每条线均对应 label 的含义;最后调用 plt.show()函数显示绘制好的图形。

由于本书采用黑白印刷,所以输出的 3 条不同颜色的直线不好区分,下面将图 3.1 所示的 3 条曲线绘制成不同类型的线条,修改后的代码如下:

test03_02.py

```
import numpy as np
import matplotlib.pyplot as plt
X = np.arange(0,4)
print X
plt.plot(X, X * 0.5, "r-", label = "y = x * 0.5")
plt.plot(X, X * 1.5, "y- -", label = "y = x * 1.5")
plt.plot(X, X * 3.0, "g:", label = "y = x * 3.0")
plt.legend()
plt.show()
```

其中,"r-"表示红色直线,"y--"表示黄色虚线,"g:"表示绿色点线,输出结果如图 3.2 所示。

但是,图 3.2 中的线条有点细,这该怎么解决呢? 只要设置参数 linewidth=2.0 即可。参考 test03_03.py 文件,利用 Matplotlib 绘制 sin()函数曲线和 cos()函数曲线。

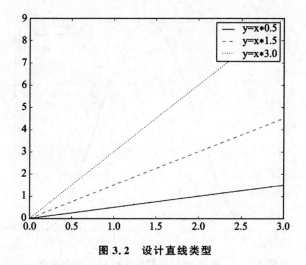

图 3.2　设计直线类型

test03_03.py

```
import numpy as np
import matplotlib.pyplot as plt
X = np.linspace(-np.pi,np.pi,256,endpoint=True)
C = np.cos(X)
S = np.sin(X)
plt.plot(X, C, color="blue", linewidth=2.0, linestyle="-", label="$sin(x)$")
plt.plot(X, S, color="red", linewidth=2.0, linestyle="--", label="$cos(x)$")
plt.legend()
plt.show()
```

其中,"np.linspace(-np.pi,np.pi,256,endpoint=True)"表示输出的范围为 $-\pi$(-np.pi)到 $+\pi$(np.pi);然后调用 numpy 库的 cos()函数和 sin()函数计算 C 值和 S 值;最后调用 plt.plot()函数绘制直线图。plot()函数中的参数含义如下:

- X:横坐标或 X 坐标值;
- C/S:纵坐标或 Y 坐标值,设置为 C 值和 S 值;
- color:直线的颜色,blue 表示蓝色,red 表示红色,可以简写,如"r";
- linewidth:绘制线条的粗细程度;
- linestyle:设置线条的类型,其中,"-"表示直线,"--"表示虚线,":"表示点线,"-."表示点画线;
- label:设置绘制曲线的标签。

输出结果如图 3.3 所示。

下述代码是绘制心形的函数(笛卡尔爱情故事)。

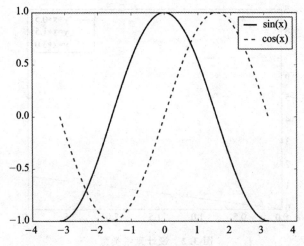

图 3.3　绘制的 cos( )函数曲线和 sin( )函数曲线

test03_04.py

```
import numpy as np
import matplotlib.pyplot as plt
x = np.linspace(-8 , 8, 1024)
y1 = 0.618 * np.abs(x) - 0.8 * np.sqrt(64 - x ** 2)      #左部分
y2 = 0.618 * np.abs(x) + 0.8 * np.sqrt(64 - x ** 2)      #右部分
plt.plot(x, y1, color = 'r')
plt.plot(x, y2, color = 'r')
plt.show()
```

输出结果如图 3.4 所示。

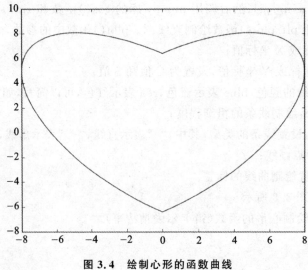

图 3.4　绘制心形的函数曲线

3.1.2 绘制散点图

Python 调用 Matplotlib 绘制散点图有两种方法：一种是调用 scatter()函数，另一种是调用 plot()函数。这里主要讲述利用 scatter()函数绘制散点图的方法。从给出的一堆随机点(包含 x、y 坐标)中调用 scatter()函数绘制散点图，代码如下：

test03_05.py

```
import numpy as np
import matplotlib.pyplot as plt
x = np.random.randn(200)
y = np.random.randn(200)
print x[:10]
print y[:10]
plt.scatter(x, y)
plt.show()
```

numpy 中有一些用于产生随机数的常用函数，其中就包括 randn()和 rand()函数，如下：

- numpy.random.randn(d0,d1,…,dn)：从标准正态分布中返回一个或多个样本值。
- numpy.random.rand(d0,d1,…,dn)：产生随机样本，并且数字位于[0,1]上。

test03_05.py 文件中的代码产生了 200 个服从标准正态分布的随机样本点，对应 x 数组和 y 数组，前 10 行输出如下：

```
[-0.94086693 -0.92910167 -0.83885859 -0.50927277  2.12230463  0.45695791
 -0.59766636 -0.62862962  0.28245908  1.46415206]
[ 0.43828148  0.76547797  1.18670217  0.31996158  0.00350372  1.02620566
  3.04573837 -0.59712547  0.45061506 -1.63996253]
```

产生的 200 个随机样本点的散点图如图 3.5 所示。

为了区分点，scatter()函数提供了参数用于设置不同点的颜色及大小，其中，s 参数指定大小，c 参数指定颜色。随机为这 200 个点分配大小及不同颜色的代码如下：

test03_06.py

```
import numpy as np
import matplotlib.pyplot as plt
x = np.random.randn(200)
y = np.random.randn(200)
size = 50 * np.random.randn(200)
colors = np.random.rand(200)
```

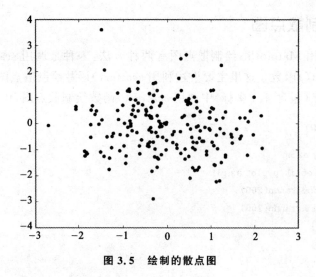

图 3.5 绘制的散点图

```
plt.scatter(x, y, s = size, c = colors)
plt.show()
```

输出结果如图 3.6 所示。

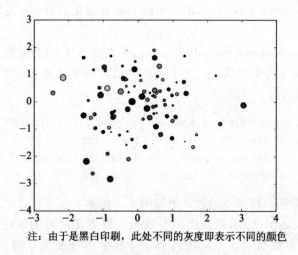

注:由于是黑白印刷,此处不同的灰度即表示不同的颜色

图 3.6 绘制的不同颜色和大小的散点图

在进行聚类、分类分析中,通常会将不同类型的数据标识成一组(类标),而对应的可视化操作也是将散点图绘制成不同的颜色或形状。下面代码所实现的功能即是分成 3 种不同类型的点集。

test03_07.py

```
import numpy as np
import matplotlib.pyplot as plt
```

```
x = np.random.rand(90,2)                                    #随机产生90个二维数组
print x
#numpy中的ones()用于构造全1矩阵
label = list(np.ones(40)) + list(2 * np.ones(30)) + list(3 * np.ones(20))
                                                            #类标label为1、2、3
label = np.array(label)
print label
print type(label)
idx1 = np.where(label == 1)
idx2 = np.where(label == 2)
idx3 = np.where(label == 3)

#绘图参数:x值、y值、点样式、颜色、类标、粗细
p1 = plt.scatter(x[idx1,0], x[idx1,1], marker = 'x', color = 'r', label = '1', s = 40)
p2 = plt.scatter(x[idx2,0], x[idx2,1], marker = '+', color = 'b', label = '2', s = 30)
p3 = plt.scatter(x[idx3,0], x[idx3,1], marker = 'o', color = 'c', label = '3', s = 20)
plt.legend(loc = 'upper right')
plt.show()
```

输出结果如图3.7所示。

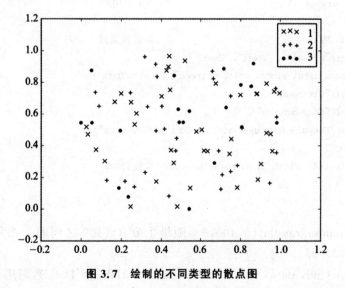

图3.7 绘制的不同类型的散点图

代码中调用np.random.rand(90,2)函数随机生成90个二维数组,分别对应90个点;x[idx1,0]表示获取第一维坐标作为x轴,x[idx1,1]表示获取第二维坐标作为y轴;然后调用np.ones()函数构造全1矩阵,生成的变量label对应90个点的类标,其中,前40个点的类标为1,中间30个点的类标为2,最后20个点的类标为3;最后

调用 plt.scatter()函数绘制散点图,即"plt.scatter(x[idx1,0], x[idx1,1], marker = 'x', color = 'r', label='1', s = 40"表示绘制类标(label)为 1 的散点,其他参数包括 x 值和 y 值,设置点样式(marker= 'x')为叉形,设置颜色(color = 'r')为红色,粗细为 40。

本小节主要讲述了利用 scatter()函数如何绘制散点图,在后面的聚类和分类分析中还会讲解另一种绘制散点图的方法——plot()函数。

3.1.3 绘制柱状图

柱状图主要用于直观地对比统计数据,是一种常用的数学统计图形。test03_07.py 文件中的代码用于产生 4 个用户的随机月消费数据,然后调用 bar()函数绘制图形。具体代码如下:

test03_08.py

```
import numpy as np
import matplotlib.pyplot as plt

data = np.random.randint(0,100,4)          #随机产生4个整数(在0~100之间)
print data
ind = np.arange(4)                          #4个用户
print ind
width = 0.35                                #设置宽度
x = ['UserA', 'UserB', 'UserC', 'UserD']
plt.bar(ind, data, width, color = 'green', label = 'Data')
plt.xlabel("Username")
plt.ylabel("Consumption")
plt.title("Compare four user monthly consumption data")
plt.legend()
plt.xticks(ind + width/2, x, rotation = 40)  #旋转40°
plt.show()
```

说明:

- np.random.randint(0,100,4):随机生成 0~100 之间的 4 个整数,输出为 [3 66 98 42]。
- plt.bar(ind, data, width, color='green', label='Data'):调用 bar()函数绘制柱状图。其中,ind 表示用户的序号,序号为 0~3,共 4 个用户;data 表示柱状图对应的高度或值;width 表示柱状图之间的间隔宽度,为 0.35;最后设置颜色类标。
- plt.xticks(ind+width/2, x, rotation=40):设置 x 轴坐标值的位置和旋转度数,ind+width/2 表示间隔中间的位置显示标签,显示的值为 4 个用户名

[UserA,UserB,UserC,UserD],并且旋转40°。

其他如设置标题、x轴、y轴等,前面已经叙述,这里不再赘述。最后输出结果如图 3.8 所示。

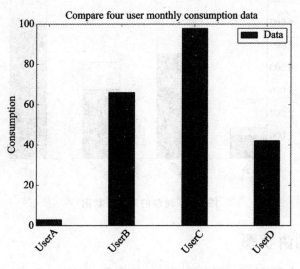

图 3.8 绘制柱状图

下述代码实现的功能是对"学习""旅游""看剧""聊天"4 个选项男女所占比例的对比,其中,采用 np.array()定义数组,然后根据男女所占比例进行绘图,如下:

test03_09.py

```
# encoding = utf-8
import matplotlib.pyplot as plt
import numpy as np


num   = np.array([1342, 6092, 4237, 8219])      # 数量
ratio = np.array([0.75, 0.76, 0.72, 0.75])      # 男性占比
men   = num * ratio
women = num * (1 - ratio)
x = [u'学习',u'旅游',u'看剧',u'聊天']
plt.rc('font', family = 'SimHei', size = 13)    # 中文字体

width = 0.5
idx   = np.arange(4)
plt.bar(idx, men, width, color = 'red', label = u'男性用户')
plt.bar(idx, women, width, bottom = men, color = 'yellow', label = u'女性用户')
plt.xticks(idx + width/2, x, rotation = 40)
plt.legend()
plt.show()
```

输出结果如图 3.9 所示,其是柱状图的扩展版。

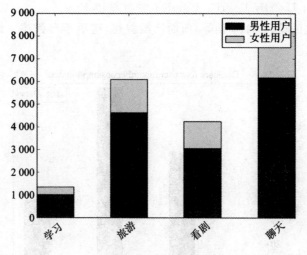

图 3.9 绘制的对比柱状图

3.1.4 绘制饼状图

绘制饼状图主要是通过调用 plt.pie() 函数来实现。这里仅举一个简单示例供大家学习,输出结果如图 3.10 所示。代码如下:

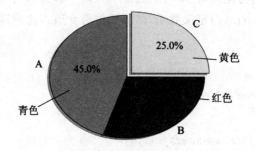

图 3.10 绘制饼状图

test03_10.py

```
import matplotlib.pyplot as plt

#每一块占的比例,总和为100
mm = [45, 30, 25]
n = mm[0] + mm[1] + mm[2]
a = (mm[0] * 1.0 * 100/n)
b = (mm[1] * 1.0 * 100/n)
c = (mm[2] * 1.0 * 100/n)
print a, b, c, n
fracs = [a, b, c]
```

```
explode = (0, 0, 0.08)          #离开整体的距离
labels = 'A', 'B', 'C'
plt.pie(fracs, explode = explode, labels = labels, autopct = '%1.1f%%',
        shadow = True, startangle = 90, colors = ("c", "r", "y"))
plt.show()
```

首先计算 a、b、c 所占 mm 的比例,输出值为[45.0, 30.0, 25.0]。接下来调用 plt.pie()函数绘制饼状图,其中,参数 fracs 表示占比;explode 表示离开整体圆形的距离,比如 C 离开了 0.08 的距离;labels 表示类标;"autopct='%1.1f%%'"表示显示的数据保留一位小数;"shadow=True"表示图形存在阴影;startangle 表示开始的角度,默认值为 0,从此处开始按逆时针方向依次展开显示 A、B、C 三个板块,颜色依次为青色、红色、黄色。

3.1.5　绘制 3D 图形

Python 调用 Axes3D 子类来绘制 3D 图形,绘制 3D 坐标的代码如下:

```
import matplotlib.pyplot as plt              #绘图用的模块
from mpl_toolkits.mplot3d import Axes3D      #绘制 3D 坐标的函数
fig1 = plt.figure()                          #创建一个绘图对象
ax = Axes3D(fig1)                            #用这个绘图对象创建一个 Axes 对象
plt.show()                                   #显示模块中所有的绘图对象
```

绘制的 3D 坐标如图 3.11 所示。

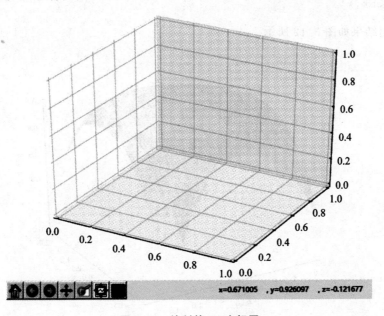

图 3.11　绘制的 3D 坐标图

因为本书主要以数据 2D 图形可视化为主,所以更多有关 3D 绘图的知识请读者自行学习。

下面代码所实现的功能是绘制一个简单的 3D 图形,其中包含详细的注释。

test03_11.py

```python
from matplotlib import pyplot as plt
import numpy as np
from mpl_toolkits.mplot3d import Axes3D          #绘制 3D 坐标的函数

fig = plt.figure()                               #创建一个绘图对象
ax = Axes3D(fig)                                 #用这个绘图对象创建一个 Axes 对象
X = np.arange(-2, 2, 0.25)                       #X 轴,-2 到 2 之间,间隔 0.25
Y = np.arange(-2, 2, 0.25)                       #Y 轴,-2 到 2 之间,间隔 0.25
#[-2.   -1.75   -1.5   -1.25   -1. ...   1.   1.25   1.5   1.75]

X, Y = np.meshgrid(X, Y)                         #用两个坐标轴上的点在平面上画格
R = np.sqrt(X**2 + Y**2)                         #X 和 Y 平方和的平方根
Z = np.sin(R)                                    #计算 sin()函数,并作为 Z 坐标

# 绘制一个三维曲面 f(x,y)
ax.plot_surface(X, Y, Z, rstride=1, cstride=1, cmap='rainbow')
#给 3 个坐标轴注明属性
ax.set_xlabel('x label', color='r')
ax.set_ylabel('y label', color='g')
ax.set_zlabel('z label', color='b')
plt.show()
```

输出结果如图 3.12 所示。

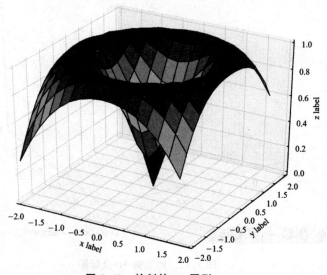

图 3.12 绘制的 3D 图形

3.2　Pandas 读取文件可视化分析

本节主要讲述 Pandas 读取文件进行可视化分析的常用操作。假设存在 2002—2014 年北京、上海、贵阳、武汉和长沙 5 个城市的商品房房价信息(虚构数据),如表 3.1 所列,并存储在 test03.csv 文件中。这里将结合 Pandas 扩展库对表 3.1 所列信息进行可视化讲解。

表 3.1　5 个城市商品房房价信息

元

year	Beijing	Shanghai	Guiyang	Wuhan	Changsha
2002	4 764	4 134	1 643	1 928	1 802
2003	4 737	5 118	1 949	2 072	2 040
2004	5 020.93	5 855	1 801.68	2 516.32	2 039.09
2005	6 788.09	6 842	2 168.9	3 061.77	2 313.73
2006	8 279.51	7 196	2 372.66	3 689.64	2 644.15
2007	11 553.26	8 361	2 901.63	4 664.03	3 304.74
2008	12 418	8 195	3 149	4 781	3 288
2009	13 799	12 840	3 762	5 329	3 648
2010	17 782	14 464	4 410	5 746	4 418
2011	16 851.95	14 603.24	5 069.52	7 192.9	5 862.39
2012	17 021.63	14 061.37	4 846.14	7 344.05	6 100.87
2013	18 553	16 420	5 025	7 717	6 292
2014	18 833	16 787	5 608	7 951	6 116

3.2.1　绘制折线对比图

绘制折线对比图的代码如下:

test03_12.py

```
# -*- coding:utf-8 -*-
import pandas as pd
import matplotlib.pyplot as plt

#读取文件并显示前6行数据,index_col用作行索引的列名
data = pd.read_csv("test03.csv",index_col='year')
print(data.shape)
print(data.head(6))
plt.rcParams['font.sans-serif'] = ['simHei']          #用于正常显示中文标签
plt.rcParams['axes.unicode_minus'] = False            #用于正常显示负号
```

```
data.plot()
plt.savefig('test03.png', dpi = 500)
plt.show()
```

输出结果如图 3.13 所示,最上面的蓝线为"Beijing"的房价,接着绿线为"Shanghai"的房价,接下来的 3 条线从上往下依次为青色"Wuhan"房价、紫色"Changsha"房价、红色"Guiyang"房价。

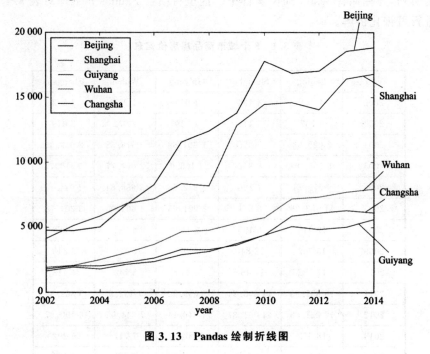

图 3.13 Pandas 绘制折线图

同时,输出的前 6 行数据如下:

```
>>>
(13, 5)
        Beijing   Shanghai  Guiyang  Wuhan    Changsha
year
2002    4764.00   4134.0    1643.00  1928.00  1802.00
2003    4737.00   5118.0    1949.00  2072.00  2040.00
2004    5020.93   5855.0    1801.68  2516.32  2039.09
2005    6788.09   6842.0    2168.90  3061.77  2313.73
2006    8279.51   7196.0    2372.66  3689.64  2644.15
2007    11553.26  8361.0    2901.63  4664.03  3304.74
>>>
```

说明:
- 调用 Pandas 扩展库的 read_csv() 函数读取数据并绘制图形,其中读取数据时的 index_col 用于获取年份(year)索引,按照年份绘图。
- plt.rcParams 用于设置中文字符和显示负号。

- savefig('test03.png',dpi=500)函数将在本地存储一张"test03.png"的图片,像素为500。

如果仅想获取某一个城市的房价,比如贵阳,则可绘制成折线图,那么该如何实现呢?核心代码如下:

- data = pd.read_csv("test03.csv",index_col='year'):读取 test03.csv 文件数据,并获取其索引为年份(year),即第一列数据,并将读取的结果赋值给 data 变量。
- gy = data['Guiyang']:获取 data 数组中"Guiyang"的一列数据,即贵阳的房价数据,并赋值给 gy 变量。获取该数据有两种方法:data['Guiyang']或 data.Guiyang。具体代码如下:

test03_13.py

```
# -*- coding: utf-8 -*-
import pandas as pd
import matplotlib.pyplot as plt
data = pd.read_csv("test03.csv",index_col='year')
plt.rcParams['font.sans-serif'] = ['simHei']
plt.rcParams['axes.unicode_minus'] = False
#获取贵阳的房价数据并绘图
gy = data['Guiyang']
print gy
gy.plot()
plt.show()
```

图 3.14 所示为贵阳商品房房价的折线增长图。

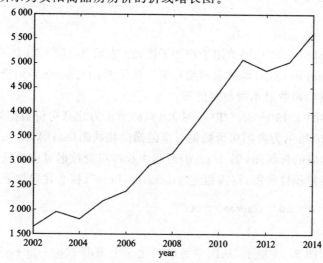

图 3.14 贵阳商品房房价的折线增长图

3.2.2 绘制柱状图和直方图

下面针对贵阳的商品房房价数据集绘制柱状图,这里调用 Pandas 提供的 plot() 函数。plot() 函数默认生成曲线图,但可以通过设置 kind 参数生成其他类型的图形,可设置为 line(折线图)、bar(条图)、barh(横向柱状图)、kde(密度图)、density(密度图)、scatter(散点图)。完整代码如下:

test03_14.py

```python
# -*- coding: utf-8 -*-
import pandas as pd
import matplotlib.pyplot as plt
data = pd.read_csv("test03.csv", index_col='year')
plt.rcParams['font.sans-serif'] = ['simHei']
plt.rcParams['axes.unicode_minus'] = False

#在图表中创建子图,共 4 个
p1 = plt.subplot(221)
data['Beijing'].plot(color='r', kind='bar')
plt.sca(p1)
p2 = plt.subplot(222)
data['Guiyang'].plot(color='y', kind='barh')
plt.sca(p2)
p3 = plt.subplot(223)
data.Shanghai.plot(kind='line')
plt.sca(p3)
p4 = plt.subplot(224)
data['Changsha'].plot(kind='kde')
plt.sca(p4)
plt.show()
```

其中,plt.subplot(221) 函数用于增加子图,22 表示共 4(2*2)个子图,1 表示第一张子图;plt.subplot(223) 函数表示绘制第三张子图;plt.sca(p3) 用于增加子图;最后调用 plt.show() 函数显示所绘制的图。

输出结果如图 3.15 所示。其中,图 3.15(a)所示为北京房价数据对应的柱状图(bar),图 3.15(b)所示为贵阳房价数据对应的横向柱状图(barh),图 3.15(c)所示为上海房价数据对应的折线图,图 3.15(d)所示为长沙房价数据对应的概率密度图。

如果想生成累积柱状图,则需指定"stacked=True",核心代码如下:

```python
data.plot(kind='bar', stacked=True)
plt.show()
```

输出结果如图 3.16 所示,从图中可以对比 5 个城市 2002—2014 年的商品房房价信息,并采用不同的颜色(此处用不同的灰度)进行区分。

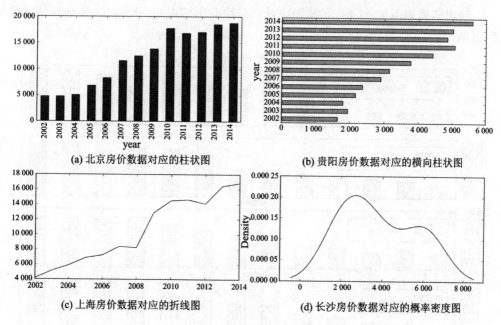

图 3.15　不同类型的图形

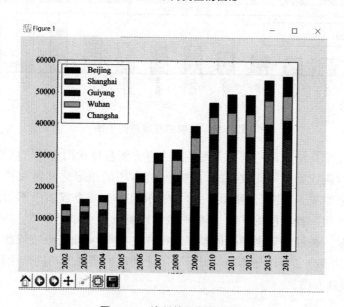

图 3.16　绘制的累积柱状图

如果想对比不同的子图,则可以利用参数 subplots 绘制 DataFrame 中每个序列对应的子图。核心代码如下:

```
data.plot(color = 'y', kind = 'barh', subplots = True)
plt.show()
```

输出结果如图 3.17 所示,从图中可以对比 5 个城市 2002—2014 年的商品房房价信息。

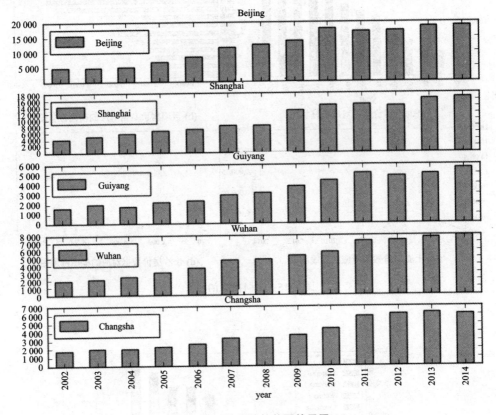

图 3.17 绘制的柱状图的子图

下面将简单介绍如何绘制直方图。那么直方图和柱状图有什么区别呢？直方图是用于描述等距数据或等比数据的,直观上,直方图的矩形之间是衔接在一起的,表示数据间的数学关系；柱状图则留有空隙,表示仅作为两个或多个不同的类,而不具有数学相关性质。直方图的 y 轴是频率,柱形图的 y 轴可以是数值。

直方图是一种展示数据频数或频率的特殊柱状图,y 轴是频数或频率的度量,既可以是频数(计数)也可以是频率(占比)。下述代码所实现的功能是绘制随机产生的 1 000 个点的直方图。

test03_15.py

```
import numpy as np
import pandas as pd
import matplotlib.pyplot as plt

data = np.random.normal(5.0, 3.0, 1000)       # mean = 5.0, rms = 3.0
```

```
pData = pd.DataFrame(data)
print pData
pData.hist(histtype = 'stepfilled',bins = 30,normed = True)
plt.show()
```

这里调用 pd.DataFrame()将 numpy 随机产生的 1 000 个点数组转换为 DataFrame 类型,然后调用 hist()函数绘制直方图。其中,参数"histtype='stepfilled'"表示连续显示,柱状图之间没有间隔线;"bins=30"表示将区间设置为 30,即为直方图的宽度,默认是 10 个区间;"normed=True"表示将直方图标准化处理。生成图形如图 3.18 所示。

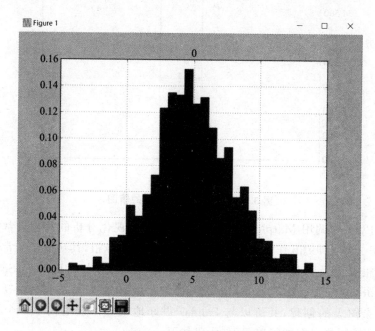

图 3.18　绘制的直方图

3.2.3　绘制箱图

箱图是一种用于表示分布的图形,用于展示数据的分布情况,由 5 个分位数组成,具体包括上四分位数、下四分位数、中位数以及上下 5% 的极值。test03_16.py 文件即是 Python 调用 Pandas 扩展库绘制箱图的源码。

test03_16.py

```
# - * - coding: utf - 8 - * -
import pandas as pd
import matplotlib.pyplot as plt
data = pd.read_csv("test03.csv",index_col = 'year')
```

```
gy = data['Guiyang']
gy.plot(kind = 'box')
plt.show()
```

图3.19所示为贵阳商品房房价的箱图。

同样可以调用 DataFrame 的 boxplot()函数绘制箱图。

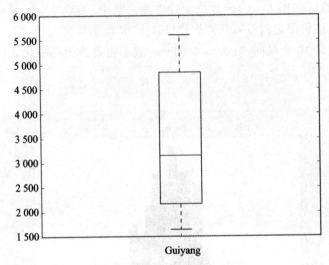

图 3.19　贵阳商品房房价的箱图

至此,Python 调用 Matplotlib 和 Pandas 进行可视化分析的两种最常用方法已经介绍完毕。Matplotlib 作为众多 Python 可视化库的鼻祖,其功能是非常强大和复杂的,其他很多工具都是基于 Matplotlib 的轻量级封装,比如 Pandas、Seaborn 等。其中,Seaborn 是一个基于 Matplotlib 的可视化库,旨在使默认的数据可视化更加悦目,简化复杂图表的创建,其可以与 Pandas 很好地集成。这里仅举一个调用 Seaborn 扩展库绘制热点图的简单示例,代码如下:

test03_17.py

```
import pandas as pd
importmatplotlib.pyplot as plt
importseaborn as sns
data = pd.read_csv("test03.csv",index_col = 'year')
data = data.corr()
sns.heatmap(data)
plt.show()
```

输出结果如图 3.20 所示。

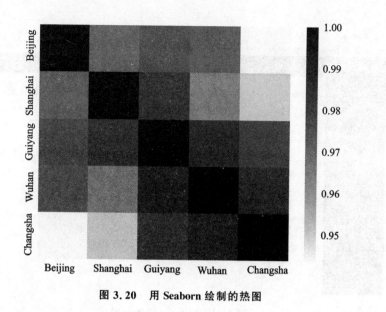

图 3.20 用 Seaborn 绘制的热图

3.3 ECharts 可视化技术初识

ECharts 是一个纯 JavaScript 的图表库,能够流畅地运行在计算机端和移动设备上,兼容当前绝大部分主流浏览器(包括 IE8/9/10/11、Chrome、Firefox、Safari 等),其底层依赖轻量级的 Canvas 类库 ZRender,提供直观、生动、可交互和个性化定制的数据可视化图表。

ECharts 提供常规的折线图、柱状图、散点图、饼状图、K 线图,以及用于统计的盒形图,用于地理数据可视化的地图、热力图、线图,用于关系数据可视化的关系图、Treemap、多维数据可视化的平行坐标,还有用于 BI 的漏斗图、仪表盘等,并且支持图与图之间的混搭。图 3.21 所示为 ECharts 官网示例(ECarts 官网网址:http://echarts.baidu.com/)。其中,ECharts 官网提供了许多详细的实例及使用文档,请读者自行学习。

ECharts 广泛应用于网站及可视化项目中,下面通过简单示例来介绍 ECharts 的入门知识。

1. 下载相关文件

下载最新的 echarts.min.js 文件,该文件提供了 ECharts 多种图形的支撑库。下载地址为 http://echarts.baidu.com/download.html,打开网址显示的下载页面如图 3.22 所示。

2. Script 配置文件

在 <script></script> 中引入已下载的 echarts.min.js 文件,它提供了 ECharts

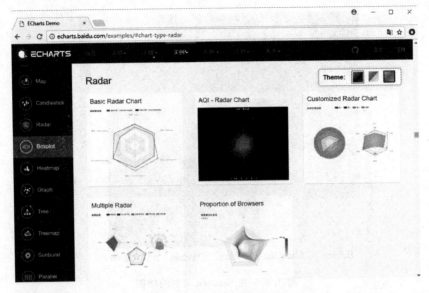

图 3.21　ECharts 官网示例

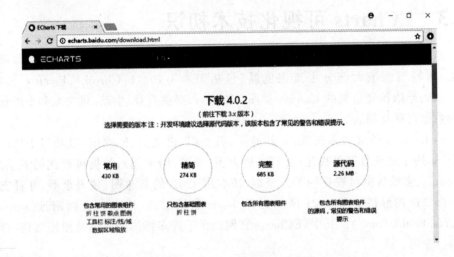

图 3.22　ECharts 官网下载页面

多种图形绘制的支撑库文件,并调用 ECharts 图标库。核心代码如下:

```
<!DOCTYPE html>
<html>
<head>
    <meta charset = "utf-8">
    <!-- 引入 ECharts 文件 -->
    <script src = "echarts.min.js"></script>
</head>
```

```
</html>
```

3. 绘制图形

test03_01.html 文件中的代码所实现的功能是绘制贵州省其中 6 个城市的柱状图,在代码" <script src="echarts.min.js"> </script>"中引入 ECharts 后,可以直接调用。核心代码为"var myChart = echarts.init(document.getElementById('main'))"。

test03_01.html

```html
<!DOCTYPE html>
<html>
<head>
    <meta charset="utf-8">
    <title> ECharts </title>
    <!-- 引入 echarts.js -->
    <script src="echarts.min.js"> </script>
</head>
<body>
    <!-- 为 ECharts 设置一个宽度为 600、高度为 400 的区域,用于绘图 -->
    <div id="main" style="width:600px;height:400px;"> </div>
    <script type="text/javascript">
        // 基于准备好的区域,初始化 ECharts 实例
        var myChart = echarts.init(document.getElementById('main'));

        // 指定图表的配置项和数据
        var option = {
            title: {
                text: 'ECharts 入门示例'
            },
            tooltip: {},
            legend: {
              data:['数量']
            },
            xAxis: {
              data: ["贵阳市","遵义市","凯里市","六盘水市","都匀市","毕节市"]
            },
            yAxis: {},
            series: [{
                name: '数量',
                type: 'bar',
                data: [5, 20, 36, 10, 10, 20]
```

		}]
	};
	// 使用刚指定的配置项和数据显示图表
	myChart.setOption(option);
</script>
</body>
</html>

初始化ECharts实例，获取id为main的div布局，并赋值给myChart变量，后面直接调用myChart变量中的函数，var在JavaScript中用于声明变量；然后在option中可以定义图形的标题（title）、坐标（tooltip）、标注图（legend）、X下标（xAxis）等；最后调用myChart.setOption(option)函数显示刚指定的配置项和数据图表。

输出结果如图3.23所示，其中x轴表示贵州省的几个城市，包括贵阳市、遵义市、凯里市、六盘水市、都匀市和毕节市，对应代码如下：

xAxis：{data：["贵阳市","遵义市","凯里市","六盘水市","都匀市","毕节市"]}

y轴表示上述6个城市的某种数据统计值，当选中某个柱状图时，会提示该城市的统计数值，比如凯里市的统计数值为36，统计数值对应的代码如下：

series：[{name：'数量', type：'bar', data：[5, 20, 36, 10, 10, 20]}]

最后将绘制的图形显示在id为"main"的div布局中。

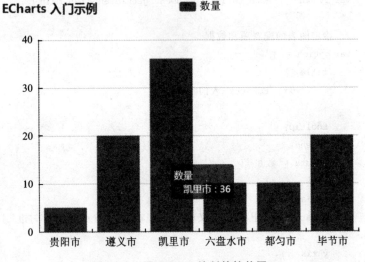

图 3.23 用ECharts绘制的柱状图

3.4 本章小结

数据可视化旨在借助图形化手段,清晰有效地传达与沟通信息,它与信息图形、信息可视化、统计图形密切相关。Python通过调用可视化分析库实现图形绘制,以直观的形式反映数据的特点或结果的好坏,常用的扩展库包括Matplotlib、Pandas、Seaborn等。同时,如果使用Python开发网站,则可结合ECharts技术进行可视化处理。这些可视化分析技术对科研结果的呈现或项目数据的展示都很有帮助。

参考文献

[1] 张良均,王路,谭立云,等. Python数据分析与挖掘实战[M]. 北京:机械工业出版社,2016.

[2] Wes McKinney. 利用Python进行数据分析[M]. 唐学韬,等译. 北京:机械工业出版社,2013.

[3] powerbaby. 用Pandas作图[EB/OL]. [2017-11-18]. http://www.360doc.com/content/16/0223/21/7249274_536782559.shtml.

第 4 章
Python 回归分析

有监督学习包括回归(Regression)算法和分类(Classification)算法两种,它们根据类别标签分布的类型来定义。回归算法用于连续型的数据预测,分类算法用于离散型的分布预测。回归算法作为统计学中最重要的工具之一,通过建立一个回归方程来预测目标值,并求解这个回归方程的回归系数。本章将介绍回归模型的原理知识,包括线性回归、多项式回归和逻辑回归,并详细介绍 Python Sklearn 机器学习库的 LinearRegression 和 LogisticRegression 算法及回归分析实例。

4.1 回 归

4.1.1 什么是回归

回归最早是由英国生物统计学家高尔顿和他的学生皮尔逊在研究父母和子女的身高遗传特性时提出的。1855 年,他们在《遗传的身高向平均数方向的回归》中这样描述:"子女的身高趋向于高于父母的身高的平均值,但一般不会超过父母的身高",首次提出回归的概念。现在的回归分析已经与这种趋势效应没有任何关系了,它只是指源于高尔顿工作,用一个或多个自变量来预测因变量的数学方法。

图 4.1 所示是一个简单的回归模型,x 轴表示质量,y 轴表示用户满意度,从图中可知,产品的质量越高其用户评价越好,因此可以拟合一条直线来预测新产品的用户满意度。

在回归模型中,我们需要预测的变量叫作因变量,比如产品质量;选取用来解释因变量变化的变量叫作自变量,比如用户满意度。回归的目的就是建立一个回归方程来预测目标值,整个回归的求解过程就是求这个回归方程的回归系数。

简言之,回归最简单的定义就是:给出一个点集,构造一个函数来拟合这个点集,并且尽可能地让该点集与拟合函数间的误差最小。如果这条函数曲线是一条直线,

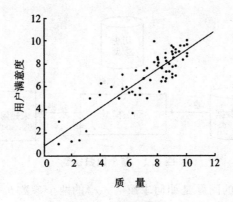

图 4.1 回归模型

就被称为线性回归;如果是一条三次曲线,就被称为三次多项回归。

4.1.2 线性回归

首先,引用类似于斯坦福大学机器学习公开课线性回归的例子,给大家讲解线性回归的基础知识和应用,以便大家理解。同时,作者强烈推荐大家学习原版 Andrew Ng 教授的斯坦福机器学习公开课,这会让您受益匪浅。

假设存在表 4.1 所列的数据集,该数据集是某企业的成本和利润数据集,其中,2002—2016 年的数据集称为训练集,整个训练集共 15 个样本数据。重点是成本和利润这两个变量,成本是输入变量或一个特征,利润是输出变量或目标变量,整个回归模型如图 4.2 所示。

表 4.1 某企业的成本和利润数据集

年份/年	成本/元	利润/元	年份/年	成本/元	利润/元
2002	400	80	2010	558	199
2003	450	89	2011	590	203
2004	486	92	2012	610	247
2005	500	102	2013	640	250
2006	510	121	2014	680	259
2007	525	160	2015	750	289
2008	540	180	2016	900	356
2009	549	189	2017	1 200	?

现建立模型,x 表示企业成本,y 表示企业利润,h(Hypothesis)表示将输入变量映射到输出变量 y 的函数,对应一个因变量的线性回归(单变量线性回归)公式如下:

$$h_\theta(x) = \theta_0 + \theta_1 x$$

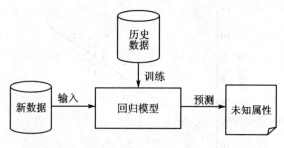

图 4.2　整个回归模型

那么，现在要解决的问题是如何求解 $h_\theta(x)$ 的两个参数 θ_0 和 θ_1。我们的构想是选取的参数 θ_0 和 θ_1 应使 $h_\theta(x)$ 函数尽可能接近 y 值。

在回归方程里，最小化误差平方和方法是求特征对应回归系数的最佳方法。误差是指预测 y 值和真实 y 值之间的差值。使用误差的简单累加将使得正差值和负差值相互抵消，所采用的平方误差（最小二乘法）如下：

$$\sum_{i=1}^{m}[h_\theta(x^{(i)})-y^{(i)}]^2$$

在数学上，求解过程就转化为求一组 θ 值使上式取得最小值的过程，最常见的求解方法是梯度下降法（Gradient Descent）。根据平方误差，定义该线性回归模型的损耗函数（Cost Function）为 $J(\theta_0,\theta_1)$，如下：

$$J(\theta_0,\theta_1)=\frac{1}{2m}\sum_{i=1}^{m}[h_\theta(x^{(i)})-y^{(i)}]^2$$

选择适当的参数让 $J(\theta_0,\theta_1)$ 最小化 min，即可实现拟合求解过程。通过上面的示例就可以对线性回归模型进行如下定义：根据样本 x 和 y 的坐标去预估函数 h，寻求变量之间近似的函数关系。公式如下：

$$h_\theta(x)=\theta_0+\theta_1x_1+\theta_2x_2+\cdots+\theta_nx_n$$

其中，n 表示特征数目，x_i 表示每个训练样本的第 i 个特征值。当只有一个因变量 x 时，称为一元线性回归，类似于 $h_\theta(x)=\theta_0+\theta_1x$；当有多个因变量时，称为多元线性回归。我们的目的是使 $J(\theta_0,\theta_1)$ 最小化，从而更好地将样本数据集进行拟合，更好地预测新的数据。

多项式回归或逻辑回归的相关知识将在后续章节中介绍。

4.2　线性回归分析

线性回归是数据挖掘中的基础算法之一，其核心思想是求解一组因变量和自变量之间的方程，得到回归函数，同时误差项通常使用最小二乘法进行计算。在本书常用的 Sklearn 机器学习库中将调用 Linear_model 子类的 LinearRegression 类进行线性回归模型计算。

4.2.1 LinearRegression

LinearRegression 回归模型在 Sklearn.linear_model 子类下,主要是调用 fit(x,y)函数来训练模型,其中,x 为数据的属性,y 为所属类型。在 Sklearn 中引用回归模型的代码如下:

```
from sklearn import linear_model        #导入线性模型
regr = linear_model.LinearRegression()  #使用线性回归
print regr
```

输出函数的构造方法如下:

```
LinearRegression(copy_X = True,
                 fit_intercept = True,
                 n_jobs = 1,
                 normalize = False)
```

说明:

- copy_X:布尔型,默认为 True。该参数表示是否对 X 复制,如果选择 False,则直接对原始数据进行覆盖,即经过中心化、标准化后,把新数据覆盖到原数据上。
- fit_intercept:布尔型,默认为 True。该参数表示是否对训练数据进行中心化,如果为 True 则表示对输入的训练数据进行中心化处理,如果为 False 则输入数据已经进行中心化处理,后面的过程不再进行中心化处理。
- n_jobs:整型,默认为 1。该参数表示计算时设置的任务个数,如果设置为"-1"则表示使用所有的 CPU。该参数对于目标个数大于 1 且规模足够大的问题有加速作用。
- normalize:布尔型,默认为 False。该参数表示是否对数据进行标准化处理。

LinearRegression 类主要包括的方法如表 4.2 所列。

表 4.2　LinearRegression 类主要包括的方法

方　法	使用说明
fit(X,y[,n_jobs])	对训练集 X,y 进行训练,分析模型参数,填充数据集。其中,X 为特征,y 为标记或类属性
predict(X)	使用训练得到的估计器或模型对输入的 X 数据集进行预测,返回结果为预测值。数据集 X 通常划分为训练集和测试集
decision_function(X)	使用训练得到的估计器或模型对数据集 X 进行预测。它与 predict(X)的区别在于,该方法包含了对输入数据的类型检查和当前对象是否存在 coef_ 属性的检查,更安全

续表 4.2

方　法	使用说明
score（X，y[,] samples_weight）	返回对于以 X 为 samples、y 为 target 的预测效果评分
get_params([deep])	获取该估计器（Estimator）的参数
set_params(**params)	设置该估计器（Estimator）的参数
coef_	存放 LinearRegression 模型的回归系数
intercept_	存放 LinearRegression 模型的回归截距

现在对前面的企业成本和利润数据集进行线性回归实验。完整代码如下：

test04_01.py

```python
# -*- coding: utf-8 -*-
from sklearn import linear_model      #导入线性模型
import matplotlib.pyplot as plt
import numpy as np

#X 表示企业成本,Y 表示企业利润
X = [[400],[450],[486],[500],[510],[525],[540],[549],[558],[590],[610],
[640],[680],[750],[900]]
Y = [[80],[89],[92],[102],[121],[160],[180],[189],[199],[203],[247],
[250],[259],[289],[356]]
print u'数据集 X：', X
print u'数据集 Y：', Y


#回归训练
clf = linear_model.LinearRegression()
clf.fit(X, Y)
#预测结果
X2 = [[400],[750],[950]]
Y2 = clf.predict(X2)
print Y2
res = clf.predict(np.array([1200]).reshape(-1, 1))[0]
print(u'预测成本 1200 元的利润:$ %.1f' % res)


#绘制线性回归图形
plt.plot(X, Y, 'ks')              #绘制训练数据集散点图
plt.plot(X2, Y2, 'g-')            #绘制预测数据集直线
plt.show()
```

调用 Sklearn 机器学习库中的 LinearRegression() 回归函数,利用 fit(X,Y) 载入

数据集进行训练,然后通过 predict(X2) 预测数据集 X2 的利润,并将预测结果绘制成直线,将(X,Y)数据集绘制成散点图,如图 4.3 所示。

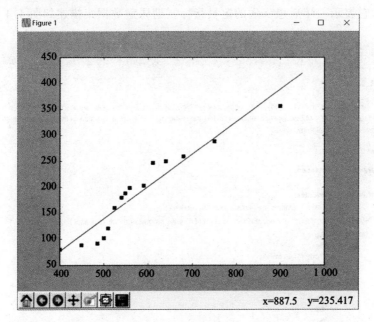

图 4.3　线性回归模型拟合图形

同时调用代码预测 2017 年企业成本为 1 200 元的利润为 575.1 元。注意,线性模型的回归系数保存在 coef_ 变量中,截距保存在 intercept_ 变量中,而 clf.score(X, Y)函数是一个评分函数,返回一个小于 1 的得分。评分过程的代码如下:

```
print u'系数 ', clf.coef_
print u'截距 ', clf.intercept_
print u'评分函数 ', clf.score(X, Y)
'''
系数 [[ 0.62402912]]
截距 [-173.70433885]
评分函数 0.911831188777
'''
```

该直线对应的回归函数为 y=0.624 029 12 * x−173.704 338 85,则 X2[1]=400 这个点预测的利润值为 75.9,而 X1 中成本为 400 元对应的真实利润是 80 元,预测是基本准确的。

4.2.2　用线性回归预测糖尿病

1. 糖尿病数据集

Sklearn 机器学习库提供糖尿病数据集(Diabetes Dataset),该数据集主要包括

442 行数据，10 个特征值，分别是年龄（Age）、性别（Sex）、体质指数（Body Mass Index）、平均血压（Average Blood Pressure）、一年后疾病级数指标 S1～S6。预测指标为 Target，它表示一年后患疾病的定量指标。糖尿病数据集描述如图 4.4 所示。

```
5.14. Diabetes dataset

5.14.1. Notes

Ten baseline variables, age, sex, body mass index, average blood pressure, and six blood serum measurements were
obtained for each of n = 442 diabetes patients, as well as the response of interest, a quantitative measure of disease
progression one year after baseline.

Data Set Characteristics:
    Number of Instances:
        442
    Number of Attributes:
        First 10 columns are numeric predictive values
    Target:     Column 11 is a quantitative measure of disease progression one year after baseline
    Attributes: Age:
                Sex:
                Body mass index:
                Average blood pressure:
                S1:
                S2:
                S3:
                S4:
                S5:
                S6:
```

图 4.4　糖尿病数据集描述

下面进行简单的调用及数据规模的测试，代码如下：

test04_02.py

```python
# -*- coding: utf-8 -*-
from sklearn import datasets
diabetes = datasets.load_diabetes()                         # 载入数据
print diabetes.data                                          # 数据
print diabetes.target                                        # 类标
print u'总行数: ', len(diabetes.data), len(diabetes.target)
print u'特征数: ', len(diabetes.data[0])                     # 每行数据集维数
print u'数据类型: ', diabetes.data.shape
print type(diabetes.data), type(diabetes.target)
```

调用 load_diabetes() 函数载入糖尿病数据集，然后输出其数据 data 和类标 target。输出结果为：总行数 442 行，特征数共 10 个，类型为(442L, 10L)，如下：

```
[[ 0.03807591   0.05068012   0.06169621 ... -0.00259226   0.01990842
  -0.01764613]
```

```
[-0.00188202 -0.04464164 -0.05147406 ... -0.03949338 -0.06832974
 -0.09220405]
 ...
[-0.04547248 -0.04464164 -0.0730303  ... -0.03949338 -0.00421986
  0.00306441]]
[151.  75. 141. 206. 135.  97. 138.  63. 110. 310. 101.
...
 64.  48. 178. 104. 132. 220.  57.]
```
总行数： 442 442
特征数： 10
数据类型：(442L, 10L)
<type 'numpy.ndarray'> <type 'numpy.ndarray'>

2. 代码实现

现在将糖尿病数据集划分为训练集和测试集，整个数据集共442行，取前422行数据用于线性回归模型训练，后20行数据用于预测。其中，取预测数据的代码为"diabetes_x_temp[-20:]"，表示从后20行开始取值，直到数组结束，共取20个数。

整个数据集共10个特征值，为了方便可视化画图，这里只获取其中一个特征进行实验，也可以绘制图形。而真实分析中，通常经过降维处理再绘制图形。这里获取第3个特征，对应代码为"diabetes_x_temp = diabetes.data[:, np.newaxis, 2]"。完整代码如下：

test04_03.py

```python
# -*- coding: utf-8 -*-
from sklearn import datasets
import matplotlib.pyplot as plt
from sklearn import linear_model
import numpy as np

#数据集划分
diabetes = datasets.load_diabetes()                             #载入数据
diabetes_x_temp = diabetes.data[:, np.newaxis, 2]               #获取其中一个特征
diabetes_x_train = diabetes_x_temp[:-20]                        #训练样本
diabetes_x_test = diabetes_x_temp[-20:]                         #测试样本后20行
diabetes_y_train = diabetes.target[:-20]                        #训练标记
diabetes_y_test = diabetes.target[-20:]                         #预测对比标记
#回归训练及预测
clf = linear_model.LinearRegression()
clf.fit(diabetes_x_train, diabetes_y_train)                     #训练数据集
pre = clf.predict(diabetes_x_test)
#绘图
```

```
plt.title(u'LinearRegression Diabetes')              # 标题
plt.xlabel(u'Attributes')                            # x轴坐标
plt.ylabel(u'Measure of disease')                    # y轴坐标
plt.scatter(diabetes_x_test, diabetes_y_test, color = 'black')   # 散点图
plt.plot(diabetes_x_test, pre, color = 'blue', linewidth = 2)    # 预测直线
plt.show()
```

输出结果如图 4.5 所示,每个点均表示真实的值,直线表示预测的结果。

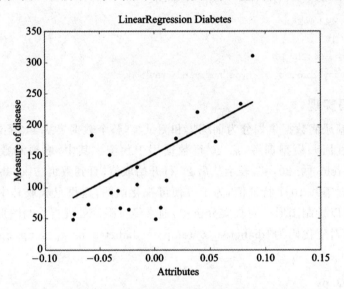

图 4.5 糖尿病数据集线性回归分析

3. 代码优化

下述代码增加了几个优化措施,如斜率、截距的计算,散点到线性方程的距离线,保存图片设置像素代码等。这些优化都能更好地帮助我们分析真实的数据集。

test04_04.py

```
# - * - coding: utf-8 - * -
from sklearn import datasets
import numpy as np
from sklearn import linear_model
import matplotlib.pyplot as plt

#第一步   数据集划分
d = datasets.load_diabetes()                    # 数据 10 × 442
x = d.data
x_one = x[:,np.newaxis, 2]                      # 获取一个特征,第 3 列数据
y = d.target                                    # 获取的正确结果
```

```
x_train = x_one[:-42]              #训练集 X [ 0:400]
x_test = x_one[-42:]               #预测集 X [401:442]
y_train = y[:-42]                  #训练集 Y [ 0:400]
y_test = y[-42:]                   #预测集 Y [401:442]

#第二步   线性回归实现
clf = linear_model.LinearRegression()
print clf
clf.fit(x_train, y_train)
pre = clf.predict(x_test)
print u'预测结果 ', pre
print u'真实结果 ', y_test

#第三步   评价结果
cost = np.mean(y_test-pre)**2      #平方
print u'平方和计算:', cost
print u'系数 ', clf.coef_
print u'截距 ', clf.intercept_
print u'方差 ', clf.score(x_test, y_test)

#第四步   绘图
plt.plot(x_test, y_test, 'k.')     #散点图
plt.plot(x_test, pre, 'g-')        #预测回归直线
#绘制点到直线的距离
for idx, m in enumerate(x_test):
    plt.plot([m, m],[y_test[idx], pre[idx]], 'r-')

plt.savefig('test04_03.png', dpi=300)    #保存图片
plt.show()
```

绘制的图形如图 4.6 所示。
输出结果如下：

```
LinearRegression(copy_X=True, fit_intercept=True, n_jobs=1, normalize=False)
预测结果 [ 196.51241167   109.98667708   121.31742804   245.95568858   204.75295782
   270.67732703    75.99442421   241.8354155    104.83633574   141.91879342
   126.46776938   208.8732309    234.62493762   152.21947611   159.42995399
   161.49009053   229.47459628   221.23405012   129.55797419   100.71606266
   118.22722323   168.70056841   227.41445974   115.13701842   163.55022706
   114.10695016   120.28735977   158.39988572   237.71514243   121.31742804
    98.65592612   123.37756458   205.78302609    95.56572131   154.27961264
   130.58804246    82.17483382   171.79077322   137.79852034   137.79852034
```

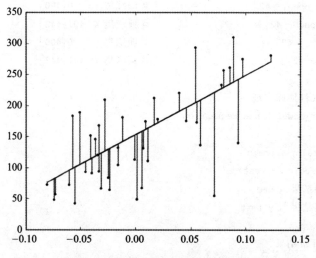

图 4.6 糖尿病数据集线性回归优化

```
         190.33200206   83.20490209]
真实结果[ 175.    93.   168.   275.   293.   281.    72.   140.   189.   181.   209.   136.
         261.   113.   131.   174.   257.    55.    84.    42.   146.   212.   233.    91.
         111.   152.   120.    67.   310.    94.   183.    66.   173.    72.    49.    64.
          48.   178.   104.   132.   220.    57.]
平方和计算:83.192340827
系数[ 955.70303385]
截距 153.000183957
方差 0.427204267067
```

其中,"cost = np.mean(y_test－pre)**2"表示计算预测结果和真实结果之间的平方和,为 83.192 340 827,根据系数和截距得出其方程为 y＝955.703 033 85×x＋153.000 183 957。

4.3 多项式回归分析

4.3.1 基础概念

线性回归研究的是一个目标变量和一个自变量之间的回归问题,但有时在很多实际问题中,影响目标变量的自变量往往不止一个,而是多个,比如绵羊的产毛量这一变量同时受到绵羊体重、胸围、体长等多个变量的影响,因此需要设计一个目标变量与多个自变量间的回归分析,即多元回归分析。由于线性回归并不适用于所有的数据,所以需要建立曲线来适应我们的数据。现实世界中的曲线关系很多都是通过

增加多项式来实现的,比如一个二次函数模型:
$$h_\theta(x) = \theta_0 + \theta_1 x + \theta_2 x^2$$
再或者一个三次函数模型:
$$h_\theta(x) = \theta_0 + \theta_1 x + \theta_2 x^2 + \theta_3 x^3$$
利用上述两个模型绘制的图形如图 4.7 所示。

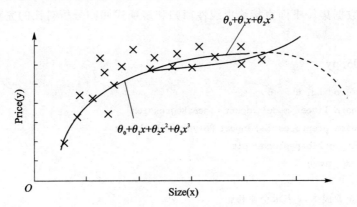

图 4.7 利用 $\theta_0 + \theta_1 x + \theta_2 x^2$ 和 $\theta_0 + \theta_1 x + \theta_2 x^2 + \theta_3 x^3$ 绘制的图形

多项式回归(Polynomial Regression)是研究一个因变量与一个或多个自变量间多项式的回归分析方法。如果自变量只有一个,则称为一元多项式回归;如果自变量有多个,则称为多元多项式回归。在一元回归分析中,如果变量 y 与自变量 x 的关系为非线性的,但又找不到适当的函数曲线来拟合,则可以采用一元多项式回归。4.3 节主要讲解一元多次的多项式回归分析。一元 m 次多项式方程如下:
$$h_\theta(x) = \theta_0 + \theta_1 x + \theta_2 x^2 + \cdots + \theta_m x^m$$
该方程的求解过程请读者自行学习,下面将主要讲解如何利用 Python 来实现多项式回归分析。

4.3.2 PolynomialFeatures

Python 的多项式回归需要通过导入 sklearn.preprocessing 子类中的 PolynomialFeatures 类来实现。该类对应的函数原型如下:

class sklearn.preprocessing.PolynomialFeatures(degree = 2,
             interaction_only = False,
             include_bias = True)

对于 PolynomialFeatures 类,Sklearn 官网给出的解释是:专门产生多项式的模型或类,并且多项式包含的是相互影响的特征集。其共 3 个参数:degree 表示多项式阶数,一般默认值是 2;interaction_only 的值如果是 true(默认是 False),则会产生相互影响的特征集;include_bias 表示是否包含偏差列。

PolynomialFeatures 类通过实例化一个多项式，建立等差数列矩阵，然后进行训练和预测，最后绘制相关图形，接下来与前面的一元线性回归分析进行对比实验。

4.3.3　用多项式回归预测成本和利润

本小节主要讲解多项式回归分析实例，分析的数据集是表 4.1 所提供的某企业成本和利润数据集。下面直接给出线性回归和多项式回归分析对比的完整代码和详细注释。

test04_05.py

```python
# -*- coding: utf-8 -*-
from sklearn.linear_model import LinearRegression
from sklearn.preprocessing import PolynomialFeatures
import matplotlib.pyplot as plt
import numpy as np


#X 表示企业成本，Y 表示企业利润
X = [[400],[450],[486],[500],[510],[525],[540],[549],[558],[590],[610],
     [640],[680],[750],[900]]
Y = [[80],[89],[92],[102],[121],[160],[180],[189],[199],[203],[247],
     [250],[259],[289],[356]]
print u'数据集 X：', X
print u'数据集 Y：', Y


#第一步  线性回归分析
clf = LinearRegression()
clf.fit(X, Y)
X2 = [[400],[750],[950]]
Y2 = clf.predict(X2)
print Y2
res = clf.predict(np.array([1200]).reshape(-1, 1))[0]
print(u'预测成本 1200 元的利润：$ %.1f' % res)
plt.plot(X, Y, 'ks')                                #绘制训练数据集散点图
plt.plot(X2, Y2, 'g-')                              #绘制预测数据集直线


#第二步  多项式回归分析
xx = np.linspace(350,950,100)                       #350～950 的等差数列
quadratic_featurizer = PolynomialFeatures(degree = 2)   #实例化一个二次多项式
x_train_quadratic = quadratic_featurizer.fit_transform(X)  #用二次多项式 x 做变换
X_test_quadratic = quadratic_featurizer.transform(X2)
regressor_quadratic = LinearRegression()
regressor_quadratic.fit(x_train_quadratic, Y)
```

#把训练好 X 值的多项式特征实例应用到一系列点上,形成矩阵
xx_quadratic = quadratic_featurizer.transform(xx.reshape(xx.shape[0], 1))
plt.plot(xx, regressor_quadratic.predict(xx_quadratic), "r--",
         label = "$ y = ax^2 + bx + c $", linewidth = 2)
plt.legend()
plt.show()

输出图形如图 4.8 所示,其中,黑色散点图表示真实的企业成本和利润的关系;绿色直线为一元线性回归方程;红色虚曲线为二次多项式方程,它更接近真实的散点图。

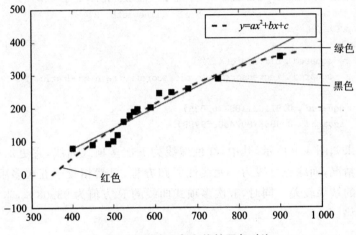

图 4.8　多项式回归和线性回归对比

这里使用 R 方(R-Squared)来评估多项式回归预测的效果。R 方也叫作确定系数(Coefficient of Determination),表示模型对现实数据拟合的程度。计算 R 方的方法有两种:一种是一元线性回归中 R 方等于皮尔逊积矩相关系数(Pearson Product Moment Correlation Coefficient)的平方,该方法计算的 R 方一定是介于 0~1 之间的数;另一种是利用 Sklearn 机器学习库提供的方法来计算 R 方。计算 R 方的代码如下:

print('1 r-squared', clf.score(X, Y))
print('2 r-squared', regressor_quadratic.score(x_train_quadratic, Y))

输出结果如下:

('1 r-squared', 0.9118311887769025)
('2 r-squared', 0.94073599498559335)

一元线性回归的 R 方值为 0.911 8,多项式回归的 R 方值为 0.940 7,这说明数据集中超过 94% 的价格都可以通过模型解释。

最后补充五次项的拟合过程,下面只给出核心代码。

test04_06.py

```
#第二步  多项式回归分析
xx = np.linspace(350,950,100)
quadratic_featurizer = PolynomialFeatures(degree = 5)
x_train_quadratic = quadratic_featurizer.fit_transform(X)
X_test_quadratic = quadratic_featurizer.transform(X2)
regressor_quadratic = LinearRegression()
regressor_quadratic.fit(x_train_quadratic, Y)
#把训练好X值的多项式特征实例应用到一系列点上,形成矩阵
xx_quadratic = quadratic_featurizer.transform(xx.reshape(xx.shape[0], 1))
plt.plot(xx, regressor_quadratic.predict(xx_quadratic), "r--",
         label = "$ y = ax^2 + bx + c $",linewidth = 2)
plt.legend()
plt.show()
print('1 r-squared', clf.score(X, Y))
print('5 r-squared', regressor_quadratic.score(x_train_quadratic, Y))

# ('1 r-squared', 0.9118311887769025)
# ('5 r-squared', 0.98087802460869788)
```

输出结果如图4.9所示,其中,红色虚线为五次多项式曲线,它更加接近真实数据集的分布情况,而绿色直线为一元线性回归方程,显然相较于五次多项式曲线,线性方程拟合的结果较差。同时,五次多项式曲线的R方值为98.08%,非常准确地预测了数据趋势。

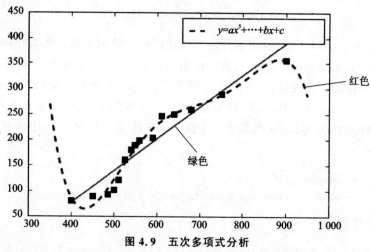

图4.9 五次多项式分析

注意:多项式回归的阶数不要太高,否则会出现过拟合现象。

4.4 逻辑回归分析

在前面讲述的回归模型中,处理的因变量都是数值型区间变量,建立的模型所描述的是因变量的期望与自变量之间的线性关系或多项式曲线关系。比如常见的线性回归模型:

$$h_\theta(x)=\theta_0+\theta_1 x_1+\theta_2 x_2+\cdots+\theta_n x_n$$

而当采用回归模型分析实际问题时,所研究的变量往往不全是区间变量,而是顺序变量或属性变量,比如二项分布问题,通过分析年龄、性别、体质指数、平均血压、疾病指数等指标来判断一个人是否患糖尿病,$Y=0$ 表示未患病,$Y=1$ 表示患病,这里的响应变量是一个两点(0 或 1)分布变量,因此就不能用 h 函数的连续值来预测因变量 $Y(Y$ 只能取 0 或 1)。

总之,线性回归或多项式回归模型通常是处理因变量为连续变量的问题,如果因变量是定性变量,则线性回归模型就不再适用,此时需采用逻辑回归模型来解决。

逻辑回归(Logistic Regression)用于处理因变量为分类变量的回归问题,常见的是二分类或二项分布问题,也可以处理多分类问题。它实际上是一种分类方法。

二分类问题的概率与自变量之间的关系往往是一条 S 形曲线,如图 4.10 所示,采用 Sigmoid 函数实现。这里将该函数定义如下:

$$f(x)=\frac{1}{1+e^{-x}}$$

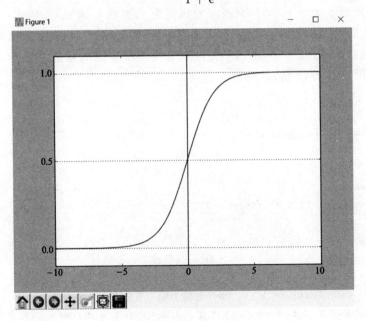

图 4.10 Sigmoid 函数

函数的定义域为全体实数,值域在[0,1]上,x 轴在 0 点对应的结果为 0.5。当 x 取足够大的值时,可以看成是 0 或 1 两类问题;大于 0.5 可以认为是 1 类问题,反之则是 0 类问题;而刚好是 0.5 时,则可以划分至 0 类问题或 1 类问题。

对于 0-1 型变量,$y=1$ 的概率分布公式定义如下:

$$P(y=1)=p$$

$y=0$ 的概率分布公式定义如下:

$$P(y=0)=1-p$$

其离散型随机变量期望值公式如下:

$$E(y)=1\times p+0\times(1-p)=p$$

当采用线性模型进行分析时,其公式变换如下:

$$p(y=1\mid x)=\theta_0+\theta_1 x_1+\theta_2 x_2+\cdots+\theta_n x_n$$

而在实际应用中,概率 p 与因变量往往是非线性的,为了解决该类问题,这里引入了 logit 变换,使得 logit(p) 与自变量之间存在线性相关的关系。逻辑回归模型定义如下:

$$\text{logit}(p)=\ln\left(\frac{p}{1-p}\right)=\theta_0+\theta_1 x_1+\theta_2 x_2+\cdots+\theta_n x_n$$

通过推导,概率 p 变换如下:

$$p=\frac{1}{1+e^{-(\theta_0+\theta_1 x_1+\theta_2 x_2+\cdots+\theta_n x_n)}}$$

这与 Sigmoid 函数相符,也体现了概率 p 与因变量之间的非线性关系。以 0.5 为界限,当预测 p 大于 0.5 时,判断 y 更可能为 1,否则 y 为 0。

得到所需的 Sigmoid 函数后,接下来只需要与前面的线性回归一样,拟合出该式中 n 个参数 θ 即可。test04_07.py 文件中的代码所实现的功能是绘制 Sigmoid 曲线,输出结果如图 4.10 所示。

test04_07.py

```python
import matplotlib.pyplot as plt
import numpy as np

def Sigmoid(x):
    return 1.0 / (1.0 + np.exp(-x))

x = np.arange(-10, 10, 0.1)
h = Sigmoid(x)                          # Sigmoid 函数
plt.plot(x, h)
plt.axvline(0.0, color = 'k')            # 坐标轴上加一条竖直的线(0 位置)
plt.axhspan(0.0, 1.0, facecolor = '1.0', alpha = 1.0, ls = 'dotted')
plt.axhline(y = 0.5, ls = 'dotted', color = 'k')
```

```
plt.yticks([0.0, 0.5, 1.0])        #y轴标度
plt.ylim(-0.1, 1.1)                #y轴范围
plt.show()
```

由于篇幅有限，逻辑回归构造损失函数 J 函数、求解最小 J 函数及回归参数 θ 的方法就不再叙述，原理与 4.1.2 小节一样，请读者自行学习。

4.4.1 LogisticRegression

LogisticRegression 回归模型在 Sklearn.linear_model 子类下，调用 Sklearn 逻辑回归算法的步骤比较简单，如下：

① 导入模型。调用逻辑回归函数 LogisticRegression()。

② fit()训练。调用 fit(x,y)方法来训练模型，其中，x 为数据的属性，y 为所属类型。

③ predict()预测。利用训练得到的模型对数据集进行预测，返回预测结果。

代码如下：

```
from sklearn.linear_model import LogisticRegression    #导入逻辑回归模型
clf = LogisticRegression()
print clf
clf.fit(train_feature,label)
predict['label'] = clf.predict(predict_feature)
```

输出函数的构造方法如下：

```
LogisticRegression(C=1.0, class_weight=None, dual=False, fit_intercept=True,
        intercept_scaling=1, max_iter=100, multi_class='ovr', n_jobs=1,
        penalty='l2', random_state=None, solver='liblinear', tol=0.0001,
        verbose=0, warm_start=False)
```

其中，参数 penalty 表示惩罚项，包括两个可选值 l1 和 l2，其中，l1 表示向量中各元素绝对值的和，常用于特征选择；l2 表示向量中各个元素平方之和再求平方根，当需要选择较多的特征时，使用 l2 参数，使其都趋近于 0。C 值的目标函数约束条件为"s.t.||w||1<C"，默认值是 0，C 值越小，则正则化强度越大。

4.4.2 鸢尾花数据集回归分析实例

下面将结合 Sklearn 官网的逻辑回归模型分析鸢尾花数据集。由于该数据集分类标签划分为 3 类（0 类、1 类、2 类），属于三分类问题，所以能够利用逻辑回归模型对其进行分析。

1. 鸢尾花数据集

在 Sklearn 机器学习库中集成了各种各样的数据集，包括前面的糖尿病数据集，

这里引入的是鸢尾花(iris)数据集,它也是一个很常用的数据集。该数据集一共包含4个特征变量,1个类别变量,共有150个样本。其中,4个特征分别是萼片的长度和宽度、花瓣的长度和宽度;1个类别变量是标记鸢尾花所属的分类情况,该值包含3种情况,即山鸢尾(iris-setosa)、变色鸢尾(iris-versicolor)和维吉尼亚鸢尾(iris-virginica)。鸢尾花数据集的详细介绍如表4.3所列。

表4.3 鸢尾花数据集

列 名	说 明	类 型
SepalLength	萼片长度	float
SepalWidth	萼片宽度	float
PetalLength	花瓣长度	float
PetalWidth	花瓣宽度	float
Class	类别变量。0表示山鸢尾,1表示变色鸢尾,2表示维吉尼亚鸢尾	int

鸢尾花数据集有两个属性,分别是iris.data和iris.target。data是一个矩阵,每一列代表萼片或花瓣的长宽,一共4列;每一行代表一个被测量的鸢尾植物,一共有150个样本。代码如下:

```
from sklearn.datasets import load_iris    #导入数据集iris
iris = load_iris()                        #载入数据集
print iris.data
```

输出结果如下:

```
[[ 5.1  3.5  1.4  0.2]
 [ 4.9  3.   1.4  0.2]
 [ 4.7  3.2  1.3  0.2]
 [ 4.6  3.1  1.5  0.2]
 ...
 [ 6.7  3.   5.2  2.3]
 [ 6.3  2.5  5.   1.9]
 [ 6.5  3.   5.2  2. ]
 [ 6.2  3.4  5.4  2.3]
 [ 5.9  3.   5.1  1.8]]
```

target是一个数组,存储了每行数据对应的样本属于哪一类鸢尾植物,即山鸢尾(值为0)、变色鸢尾(值为1)或维吉尼亚鸢尾(值为2),数组的长度是150。

```
print iris.target              #输出真实标签
print len(iris.target)         #150个样本,每个样本有4个特征
print iris.data.shape
```

```
[0 0 0 0 0 0 0 0 0 0 0 0 0 0 0 0 0 0 0 0 0 0 0 0 0 0 0 0 0 0 0 0 0 0 0
 0 0 0 0 0 0 0 0 0 0 0 0 0 0 0 1 1 1 1 1 1 1 1 1 1 1 1 1 1 1 1 1 1 1 1
 1 1 1 1 1 1 1 1 1 1 1 1 1 1 1 1 1 1 1 1 1 1 1 1 1 1 1 1 1 1 2 2 2 2 2 2 2 2
 2 2 2 2 2 2 2 2 2 2 2 2 2 2 2 2 2 2 2 2 2 2 2 2 2 2 2 2 2 2 2 2 2 2 2
 2 2]
150
(150L, 4L)
```

从上述代码的输出结果可以看出,类标共分为 3 类,前 50 个类标为 0,中间 50 个类标为 1,后 50 个类标为 2。

2. 散点图的绘制

在载入鸢尾花数据集(数据 data 和标签 target)之后,需要获取其中两列数据或两个特征,再调用 scatter() 函数绘制散点图。其中,获取一个特征的核心代码为"X=[x[0] for x in DD]",将获取的值赋给 X 变量。完整代码如下:

test04_08.py

```python
import matplotlib.pyplot as plt
import numpy as np
from sklearn.datasets import load_iris    #导入数据集 iris

#载入数据集
iris = load_iris()
print iris.data                            #输出数据集
print iris.target                          #输出真实标签
#获取花卉两列数据集
DD = iris.data
X = [x[0] for x in DD]
print X
Y = [x[1] for x in DD]
print Y

#plt.scatter(X, Y, c = iris.target, marker = 'x')
plt.scatter(X[:50], Y[:50], color = 'red', marker = 'o', label = 'setosa')    #前 50 个样本
plt.scatter(X[50:100], Y[50:100], color = 'blue', marker = 'x', label = 'versicolor')
                                           #中间 50 个样本
plt.scatter(X[100:], Y[100:], color = 'green', marker = '+', label = 'Virginica')
                                           #后 50 个样本
plt.legend(loc = 2)                        #左上角
plt.show()
```

输出结果如图 4.11 所示。

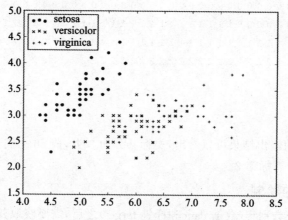

图 4.11　绘制的鸢尾花散点图

3. 线性回归分析

下述代码先获取鸢尾花数据集的前两列数据，再调用 Sklearn 机器学习库中的线性回归模型进行分析，如下：

test04_09.py

```
# -*- coding: utf-8 -*-
#第一步  导入数据集
from sklearn.datasets import load_iris
hua = load_iris()
#获取花瓣的长和宽
x = [n[0] for n in hua.data]
y = [n[1] for n in hua.data]
import numpy as np              #转换成数组
x = np.array(x).reshape(len(x),1)
y = np.array(y).reshape(len(y),1)


#第二步  线性回归分析
from sklearn.linear_model import LinearRegression
clf = LinearRegression()
clf.fit(x,y)
pre = clf.predict(x)
print pre

#第三步  画图
import matplotlib.pyplot as plt
plt.scatter(x,y,s=100)
```

```
plt.plot(x,pre,"r-",linewidth = 4)
for idx, m in enumerate(x):
    plt.plot([m,m],[y[idx],pre[idx]], 'g-')
plt.show()
```

输出结果如图 4.12 所示,可以看到所有散点到拟合的一元一次方程的距离。

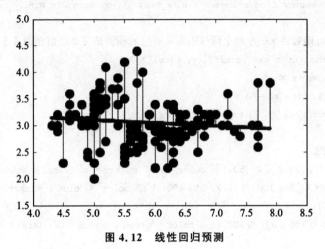

图 4.12 线性回归预测

4. 用逻辑回归分析鸢尾花

从图 4.11 中可以看出,数据集是线性可分的,并且划分为 3 类,分别对应 3 种类型的鸢尾花。下面采用逻辑回归对其进行分析预测。

前面使用"X=[x[0] for x in DD]"语句获取第一列数据,使用"Y=[x[1] for x in DD]"获取第二列数据,这里采用另一种方法——"iris.data[:,:2]"来获取其中两列数据或两个特征。完整代码如下:

test04_10.py

```
import matplotlib.pyplot as plt
import numpy as np
from sklearn.datasets import load_iris
from sklearn.linear_model import LogisticRegression

#载入数据集
iris = load_iris()
X = X = iris.data[:, :2]    #获取花卉两列数据集
Y = iris.target

#逻辑回归模型
lr = LogisticRegression(C = 1e5)
lr.fit(X,Y)
```

```python
#meshgrid()函数生成两个网格矩阵
h = .02
x_min, x_max = X[:, 0].min() - .5, X[:, 0].max() + .5
y_min, y_max = X[:, 1].min() - .5, X[:, 1].max() + .5
xx, yy = np.meshgrid(np.arange(x_min, x_max, h), np.arange(y_min, y_max, h))

#pcolormesh函数将xx、yy两个网格矩阵和对应的预测结果Z绘制在图片上
Z = lr.predict(np.c_[xx.ravel(), yy.ravel()])
Z = Z.reshape(xx.shape)
plt.figure(1, figsize = (8,6))
plt.pcolormesh(xx, yy, Z, cmap = plt.cm.Paired)

#绘制散点图
plt.scatter(X[:50,0], X[:50,1], color = 'red', marker = 'o', label = 'setosa')
plt.scatter(X[50:100,0], X[50:100,1], color = 'blue', marker = 'x', label = 'versicolor')
plt.scatter(X[100:,0], X[100:,1], color = 'green', marker = 's', label = 'Virginica')

plt.xlabel('Sepal length')
plt.ylabel('Sepal width')
plt.xlim(xx.min(), xx.max())
plt.ylim(yy.min(), yy.max())
plt.xticks(())
plt.yticks(())
plt.legend(loc = 2)
plt.show()
```

说明：

- lr = LogisticRegression(C=1e5)。

初始化逻辑回归模型，C=1e5 表示目标函数。

- lr.fit(X,Y)。

调用逻辑回归模型进行训练，参数 X 为数据特征，参数 Y 为数据类标。

- x_min, x_max = X[:, 0].min() − .5, X[:, 0].max() + .5；
- y_min, y_max = X[:, 1].min() − .5, X[:, 1].max() + .5；
- xx, yy = np.meshgrid(np.arange(x_min, x_max, h), np.arange(y_min, y_max, h))。

获取鸢尾花数据集的两列数据，分别对应萼片长度和萼片宽度，每个点的坐标就是(x,y)。先取 X 二维数组的第一列(长度)的最小值、最大值和步长 h(设置为0.02)生成数组；再取 X 二维数组的第二列(宽度)的最小值、最大值和步长 h 生成数组；最

后用 meshgrid()函数生成两个网格矩阵 xx 和 yy,如下:

```
[[ 3.8   3.82  3.84...,  8.36  8.38  8.4 ]
 [ 3.8   3.82  3.84...,  8.36  8.38  8.4 ]
 ...,
 [ 3.8   3.82  3.84...,  8.36  8.38  8.4 ]
 [ 3.8   3.82  3.84...,  8.36  8.38  8.4 ]]
[[ 1.5   1.5   1.5 ...,  1.5   1.5   1.5 ]
 [ 1.52  1.52  1.52...,  1.52  1.52  1.52]
 ...,
 [ 4.88  4.88  4.88...,  4.88  4.88  4.88]
 [ 4.9   4.9   4.9 ...,  4.9   4.9   4.9 ]]
```

- Z = lr.predict(np.c_[xx.ravel(), yy.ravel()])。

调用 ravel()函数将 xx 和 yy 两个网格矩阵转变成一维数组,由于两个网格矩阵大小相等,因此两个一维数组大小也相等。np.c_[xx.ravel(), yy.ravel()]用于获取矩阵,如下:

```
xx.ravel()
[ 3.8   3.82  3.84...,  8.36  8.38  8.4 ]
yy.ravel()
[ 1.5   1.5   1.5 ...,  4.9   4.9   4.9 ]
np.c_[xx.ravel(), yy.ravel()]
[[ 3.8   1.5 ]
 [ 3.82  1.5 ]
 [ 3.84  1.5 ]
 ...,
 [ 8.36  4.9 ]
 [ 8.38  4.9 ]
 [ 8.4   4.9 ]]
```

总之,上述操作是把第一列萼片长度数据按 h 取等分作为行,并复制多行得到 xx 网格矩阵;再把第二列萼片宽度数据按 h 取等分作为列,并复制多列得到 yy 网格矩阵;最后将 xx 和 yy 矩阵都变成两个一维数组,然后调用 np.c_[]函数将其组合成一个二维数组进行预测。

调用 predict()函数进行预测,并将预测结果赋值给 Z,代码如下:

```
Z = logreg.predict(np.c_[xx.ravel(), yy.ravel()])
[1 1 1..., 2 2 2]
size: 39501
```

- Z = Z.reshape(xx.shape)。

调用 reshape()函数修改形状,将 Z 变量转换为两个特征(长度和宽度),则

39 501 个数据转换为 171×231 的矩阵。"Z = Z.reshape(xx.shape)"语句输出的结果如下：

```
[[1 1 1 ..., 2 2 2]
 [1 1 1 ..., 2 2 2]
 [0 1 1 ..., 2 2 2]
 ...,
 [0 0 0 ..., 2 2 2]
 [0 0 0 ..., 2 2 2]
 [0 0 0 ..., 2 2 2]]
```

● plt.pcolormesh(xx, yy, Z, cmap=plt.cm.Paired)。

调用 pcolormesh()函数将 xx、yy 两个网格矩阵和对应的预测结果 Z 绘制在图片上，可以发现输出的是 3 个颜色区块，分别表示分类的 3 类区域。"cmap=plt.cm.Paired"表示绘图样式选择 Paired 主题，输出的区域如图 4.13 所示。

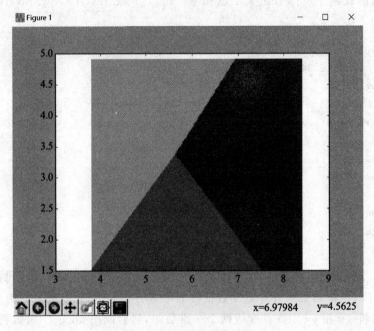

图 4.13　绘制的 3 块区域

● plt.scatter(X[:50, 0], X[:50, 1], color='red', marker='o', label='setosa')。

调用 scatter()函数绘制散点图，第一个参数为第一列数据（长度），第二个参数为第二列数据（宽度），第三、四个参数分别设置点的颜色为红色，款式为圆圈，最后标记为 setosa。

输出结果如图 4.14 所示。经过逻辑回归后划分为 3 个区域，左上角部分为红色的圆点,对应 setosa;右上角部分为绿色方块,对应 virginica;中间下部分为蓝色星形,对应 versicolor。散点图为各数据点真实的花类型,划分的 3 个区域为数据点预测的花类型,预测的分类结果与训练数据的真实结果基本一致,部分鸢尾花出现交叉。

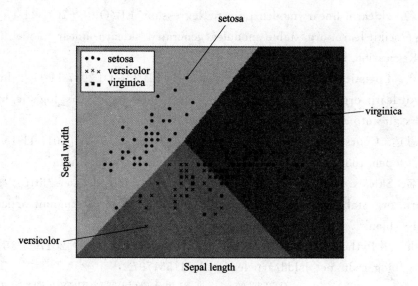

图 4.14 逻辑回归分析图形

4.5 本章小结

回归分析是一种通过建立一个回归方程来预测目标值,并求解该回归方程的回归系数的方法。它是统计学中最重要的工具之一,包括线性回归、多项式回归、逻辑回归、非线性回归等,常用来确定变量之间是否存在相关关系,并找出数学表达式,也可以通过控制几个变量的值来预测另一个变量的值,比如房价预测、增长趋势、是否患病等问题。

在 Python 中,通过调用 Sklearn 机器学习库的 LinearRegression 模型实现线性回归分析,调用 PolynomialFeatures 模型实现多项式回归分析,调用 LogisticRegression 模型实现逻辑回归分析。希望读者自行实现本章中的代码,从而更好地掌握该方法。

参考文献

[1] 张良均,王路,谭立云,等. Python 数据分析与挖掘实战[M]. 北京:机械工业出版社,2016.

[2] Wes McKinney. 利用Python进行数据分析[M]. 唐学韬,等译. 北京:机械工业出版社,2013.

[3] Han Jiawei,Kamber M. 数据挖掘概念与技术[M]. 范明,孟小峰,译. 北京:机械工业出版社,2007.

[4] 佚名. sklearn. linear_model. LogisticRegression[EB/OL]. [2017-11-17]. http://scikit-learn.org/stable/modules/generated/sklearn.linear_model.LogisticRegression.html.

[5] 佚名. Logistic Regression 3-class Classifier[EB/OL]. [2017-11-17]. http://scikit-learn.org/stable/auto_examples/linear_model/plot_iris_logistic.html#sphx-glr-auto-examples-linear-model-plot-iris-logistic-py.

[6] 吴恩达. Coursera公开课:斯坦福大学机器学习[EB/OL]. [2017-11-15]. http://open.163.com/special/opencourse/machinelearning.html.

[7] 佚名. Sklearn Datasets[EB/OL]. [2017-11-15]. stable/datasets/http://scikit-learn.org/stable/datasets/"\t"http://blog.csdn.net/eastmount/article/details/_blank".

[8] lsldd. 用Python开始机器学习(7:逻辑回归分类)[EB/OL]. [2017-11-15]. http://blog.csdn.net/lsldd/article/details/41551797.

[9] 52opencourse. Coursera公开课笔记:斯坦福大学机器学习第六课"逻辑回归(Logistic Regression)"[EB/OL]. [2017-11-15]. http://52opencourse.com/125/coursera公开课笔记-斯坦福大学机器学习第六课-逻辑回归-logistic-regression.

[10] 佚名. 多项式回归[EB/OL]. [2017-11-15]. https://baike.baidu.com/item/多项式回归/21505384?fr=aladdin.

第 5 章
Python 聚类分析

过去,科学家会根据物种的形状、习性、规律等特征将其划分为不同的类型,比如将人种划分为黄种人、白种人和黑种人,这就是简单的人工聚类方法。聚类(Clustering)是将数据集中某些方面相似的数据成员放在一起,给定简单的规则,对数据集进行分堆,是一种无监督学习。聚类集合中,处于相同聚类中的数据彼此是相似的,处于不同聚类中的元素彼此是不同的。本章主要介绍聚类概念和常用聚类算法,然后详细讲述 Sklearn 机器学习库中聚类算法的用法,并通过 K-Means 聚类、BIRCH 层次聚类及 PAC 降维 3 个实例加深读者的印象。

5.1 聚 类

俗话说"物以类聚,人以群分",聚类就是根据"物以类聚"的原理而得的。从广义上说,聚类是将数据集中的某些方面相似的数据成员放在一起,处于相同类簇中的数据元素彼此相似,处于不同类簇中的元素彼此分离。

由于在聚类中那些表示数据类别的分组信息或类标是没有的,即聚类中的数据是没有标签的,所以聚类又被称为无监督学习。

5.1.1 算法模型

聚类是将本身没有类别的样本聚集成不同类型的组,每一组数据对象的集合都叫作簇。聚类的目的是让属于同一个类簇的样本之间彼此相似,而不同类簇的样本彼此分离。图 5.1 所示是聚类的算法模型。

聚类模型的基本步骤如下:

① 训练。通过历史数据训练得到一个聚类模型,该模型用于后面的预测分析。需要注意的是,有的聚类算法需要预先设定类簇数,如 K-Means 聚类算法。

② 预测。输入新的数据集,用训练得到的聚类模型对新数据集进行预测,即分

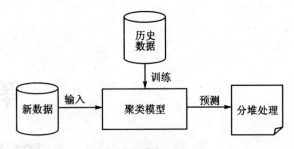

图 5.1 聚类的算法模型

堆处理,并给每行预测数据计算一个类标值。

③ 可视化分析及算法评价。得到预测结果之后,可以通过可视化分析反映聚类算法的好坏,聚类结果中相同簇的样本之间距离越近,不同簇的样本之间距离越远,其聚类效果越好。同时采用相关的评价标准对聚类算法进行评估。

常用聚类模型包括 K-Means 聚类、BIRCH 层次聚类、DBSCAN、Affinity Propagatio 和 MeanShift 等。

5.1.2 常见聚类算法

聚类算法在 Sklearn 机器学习库中主要通过调用 sklearn.cluster 子类实现。下面对常见的几种聚类算法进行简单描述,后面将主要介绍 K-Means 聚类算法和 BIRCH 层次聚类算法的实例。

1. K-Means

K-Means 聚类算法最早起源于信号处理,是一种自下而上的聚类算法、一种最经典的聚类分析方法。它采用划分法实现,目标是要将数据点划分为 K 个类簇,找到每个类簇的中心并使其最小化失真度量。该聚类算法的最大优点是简单、便于理解,运算速度快;缺点是只能应用连续型数据,并且要在聚类前指定聚集的类簇数,比如下述代码聚类指定为两类,则设置参数代码为"n_clusters=2",而且聚类结果与初始中心的选择有关,即若不知道样本集要聚成多少个类,则无法使用。

Sklearn 机器学习库中调用方法如下:

```
from sklearn.cluster import KMeans
clf = KMeans(n_clusters = 2)
clf.fit(X,y)
```

2. Mini Batch K-Means

Mini Batch K-means 聚类算法是 K-Means 聚类算法的一种变换,目的是减少计算时间。其实现类是 MiniBatchKMeans。

Sklearn 机器学习库中调用方法如下:

```
from sklearn.cluster import MiniBatchKMeans
X = [[1],[2],[3],[4],[3],[2]]
mbk = MiniBatchKMeans(init = 'k-means + +', n_clusters = 3, n_init = 10)
clf = mbk.fit(X)
print(clf.labels_)
#输出:[0 2 1 1 1 2]
```

3. BIRCH

BIRCH(Balanced Iterative Reducing and Clustering using Hierarchies)是一种常用的层次聚类算法(层次聚类算法是将数据样本组成一棵聚类树,然后根据层次分解以自顶向下(分裂)还是自底向上(合并)方式进一步合并或分裂)。该算法通过聚类特征(Clustering Feature,CF)和聚类特征树(Clustering Feature Tree,CFT)两个概念来描述聚类。聚类特征树用来概括聚类的有用信息,由于其占用空间小,并且可以存放在内存中,所以提高了算法的聚类速度,产生了较高的聚类质量。BIRCH层次聚类算法适用于大型数据集。

Sklearn机器学习库中调用方法如下:

```
from sklearn.cluster import Birch
X = [[1],[2],[3],[4],[3],[2]]
clf = Birch(n_clusters = 2)
clf.fit(X)
y_pred = clf.fit_predict(X)
print(clf)
print(y_pred)
#输出:[1 1 0 0 0 1]
```

上述代码调用BIRCH层次聚类算法聚成两类,并对X数据进行训练,共6个点(1、2、3、4、3、2),然后预测其聚类后的类标,输出为0或1两类结果。其中,点1、2、2输出类标为1,点3、4、3输出类标为0。这是一个较好的聚类结果,因为值较大的点(3、4)聚集为一类,值较小的点(1、2)聚集为另一类。

这里只是进行了简单描述,5.3节将讲述具体的算法及实例。

4. Mean Shift

Mean Shift是种均值偏移或均值漂移聚类算法,最早是在1975年由Fukunaga等人在一篇关于概率密度梯度函数的估计论文中提出的。它是一种无参估计算法,沿着概率梯度的上升方向寻找分布的峰值。Mean Shift聚类算法先算出当前点的偏移均值,然后移动该点到其偏移均值,再以此为新的起始点继续移动,直到满足一定的条件结束。Mean Shift聚类算法模型如图5.2所示。

5. DBSCAN

DBSCAN是一个典型的基于密度的聚类算法,它与划分聚类方法、层次聚类方

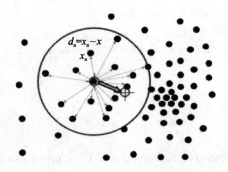

图 5.2　Mean Shift 聚类算法模型

法不同,它是将簇定义为密度相连的点的最大集合,能够把具有足够高密度的区域划分为簇,并可在噪声的空间数据库中发现任意形状的聚类。与 K-Means 相比,DBSCAN 不需要事先知道要形成的簇类的数目,它可以发现任意形状的簇类,同时该算法能够识别出噪声点,对于数据集中样本的顺序不敏感;但也存在一定的缺点,即 DBSCAN 聚类算法不能很好地反映高维数据。

5.1.3　性能评估

聚类根据文档的相似性把一个文档集合中的文档分成若干类,但是究竟分成多少类,要取决于文档集合里文档自身的性质。图 5.3 所示是 Sklearn 官网中 DBSCAN 聚类示例,该聚类算法把文档集合分成了 3 类,而不是 2 类或 4 类,这就涉及了聚类算法评价。

评价聚类算法时应考虑:聚类之间是否较好地相互分离,同一类簇中的点是否都靠近中心点,聚类算法是否能够正确识别数据的类簇或标记。聚类算法的常见评价指标包括 F 值(F-measure 或 F-score)、纯度(Purity)、熵值(Entropy)和兰德指数(Rand Index,RI),其中 F 值最为常用。

1. F 值

F 值的计算包括两个指标:准确率(Precision)和召回率(Recall)。准确率定义为检索出的相关文档数占检索出的文档总数的比例,衡量的是检索系统的查准率;召回率定义为检索出的相关文档数占文档库中所有相关文档数的比例,衡量的是检索系统的查全率,公式分别如下:

$$\text{Precision} = \frac{N}{S} \times 100\%$$

$$\text{Recall} = \frac{N}{T} \times 100\%$$

式中:N 表示实验结果中正确识别出的聚类类簇数;S 表示实验结果中实际识别出的聚类类簇数;T 表示数据集中所有真实存在的聚类相关类簇数。

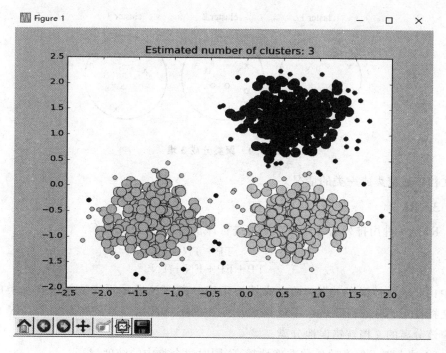

图 5.3　DBSCAN 聚类示例

准确率和召回率两个评估指标在特定的情况下是相互制约的，因而很难使用单一的评价指标来衡量实验的效果。F 值是准确率和召回率的调和平均值，更接近两个数中较小的那个，它可作为衡量实验结果的最终评价指标。F 值的计算公式如下：

$$\text{F-score} = \frac{2 \times \text{Precision} \times \text{Recall}}{\text{Precision} + \text{Recall}} \times 100\%$$

2. 纯　度

纯度方法是极为简单的一种聚类评价方法，它表示正确聚类的文档数占总文档数的比例，计算公式如下：

$$\text{Purity} = \frac{1}{m} \sum_{i=1}^{K} m_i \cdot P_i$$

式中：m 表示整个聚类划分涉及的成员个数；P_i 表示聚类 i 的纯度；K 表示聚类的类簇数目。

假设聚类成 3 堆，其中，×表示一类数据集，o 表示一类数据集，◇表示一类数据集，如图 5.4 所示。

纯度为正确聚类的文档数占总文档数的比例，即 Purity=(5+4+3)/17=0.71。其中，第一堆正确聚集 5 个×，第二堆正确聚集 4 个 o，第三队正确聚集 3 个◇。Purity 方法的优点在于计算过程简便，值在 0～1 之间，完全错误的聚类方法值为 0，完全正确的聚类方法值为 1；其缺点是无法对聚类方法给出正确的评价，尤其是对于每

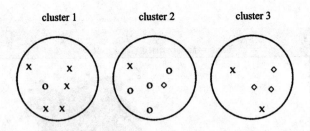

图 5.4 聚类分成 3 堆

个文档单独聚集成一类的情况。

3. RI

RI 是一种用排列组合原理对聚类进行评价的手段,公式如下:

$$RI = \frac{TP+TN}{TP+FP+FN+TN}$$

式中:TP 表示被聚在一类的两个文档被正确分离;TN 表示不应该被聚在一类的两个文档被正确分离;FP 表示不应该放在一类的文档被错误地放在了一类;FN 表示不应该分离的文档被错误地分离。

RI 越大表示聚类效果的准确性越高,同时每个类内的纯度越高。

更多评价方法请读者结合实际数据集进行分析。

5.2 K-Means

5.2.1 算法描述

1. K-Means 聚类算法流程

K-Means 聚类算法的流程如下:

第一步,确定 K 值,即将数据集聚集成 K 个类簇或小组。

第二步,从数据集中随机选择 K 个数据点作为质心(Centroid)或数据中心。

第三步,分别计算每个点到每个质心的距离,并将每个点划分到离其最近质心的小组,并跟定那个质心。

第四步,当每个质心都聚集了一些点后,重新定义算法选出新的质心。

第五步,比较新质心和老质心,如果新质心和老质心之间的距离小于某一个阈值,则表示重新计算的质心位置变化不大,收敛稳定,此时可认为聚类已经达到期望的结果,算法终止。

第六步,如果新质心和老质心变化很大,即距离大于阈值,则继续迭代执行第三步到第五步,直到算法终止。

图 5.5 所示是对身高和体重进行聚类的算法,将数据集的人群聚集成 3 类。

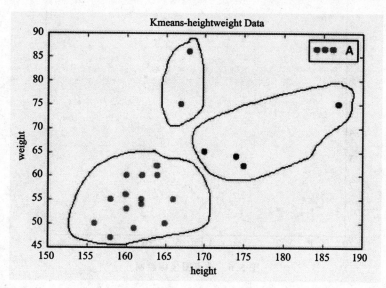

图 5.5 height-weight 聚类

2. K-Means 聚类算法示例

下面通过一个例子来讲解 K-Means 聚类算法,从而加深读者的印象。假设存在如表 5.1 所列的 6 个点,需要将其聚类成两堆。流程如下:

表 5.1 坐标点

坐标点	X 坐标	Y 坐标
P1	1	1
P2	2	1
P3	1	3
P4	6	6
P5	8	5
P6	7	8

第一步:在坐标轴中绘制这 6 个点的分布,如图 5.6 所示。

第二步:随机选取质心。假设选择 P1 点和 P2 点,它们则为聚类的中心。

第三步:计算其他所有点到质心的距离。计算过程采用勾股定理,如 P3 点到 P1 点的距离为 $\sqrt{(1-1)^2+(3-1)^2}=2$,P3 点到 P2 点的距离为 $\sqrt{(2-1)^2+(3-1)^2}=2.24$,P3 点离 P1 点更近,则选择跟 P1 聚集成一堆。同理,P4、P5、P6 分别到 P1 点和 P2 点的距离如表 5.2 所列。

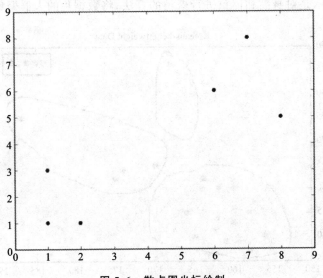

图 5.6 散点图坐标绘制

表 5.2 点到质心的距离

坐标点	到 P1 点的距离	到 P2 点的距离
P3	2.0	2.2
P4	7.1	6.4
P5	8.1	7.2
P6	9.2	8.6

则聚类分堆的情况如下：
- 第一组：P1、P3；
- 第二组：P2、P4、P5、P6。

第四步：组内重新选择质心。这里涉及距离的计算方法，通过不同的距离计算方法可以对 K-Means 聚类算法进行优化。这里计算组内每个点 X 坐标的平均值和 Y 坐标的平均值，构成新的质心，它可能是一个虚拟的点。

- 第一组的新质心：$PN1 = \left(\dfrac{1+1}{2}, \dfrac{1+3}{2}\right) = (1,2)$；

- 第二组的新质心：$PN2 = \left(\dfrac{2+6+8+7}{4}, \dfrac{1+6+5+8}{4}\right) \approx (5.8, 5.0)$。

第五步：再次计算各点到新质心的距离，如表 5.3 所列。由表 5.3 可以看到，P1、P2 和 P3 离 PN1 质心较近，P4、P5 和 P6 离 PN2 质心较近。

表 5.3 点到新质心的距离

坐标点	到 PN1 的距离	到 PN2 的距离
P1	1.0	6.2
P2	1.4	5.5
P3	1.0	5.2
P4	6.4	1.0
P5	7.6	2.2
P6	8.5	3.2

则聚类分堆情况如下,注意由于新的质心 PN1 和 PN2 是虚拟的两个点,所以不需要对 PN1 和 PN2 进行分组。

- 第一组:P1、P2、P3;
- 第二组:P4、P5、P6。

第六步:同理,按照第四步计算新的质心。

- 第一组的新质心:$PN1 = \left(\dfrac{1+2+1}{3}, \dfrac{1+1+3}{3}\right) \approx (1.3, 1.7)$
- 第二组的新质心:$PN2 = \left(\dfrac{6+8+7}{3}, \dfrac{6+5+8}{3}\right) \approx (7.0, 6.3)$

第七步:计算点到新质心的距离,如表 5.4 所列。

表 5.4 点到新质心的距离

坐标点	到 PN1 的距离	到 PN2 的距离
P1	0.8	8.0
P2	1.0	7.3
P3	1.3	6.8
P4	6.4	1.0
P5	7.5	1.6
P6	8.5	1.7

这时可以看到 P1、P2 和 P3 离 PN1 更近,P4、P5 和 P6 离 PN2 更近,所以第二聚类分堆的结果是:

- 第一组:P1、P2、P3;
- 第二组:P4、P5、P6。

结论:第五步和第七步的分组情况是一样的,说明聚类已经稳定收敛,聚类结束,其聚类结果为 P1、P2、P3 一组,P4、P5、P6 是另一组,这和我们最初预想的结果完全一致,说明聚类效果良好。这就是 K-Means 聚类算法示例的完整过程。

3. Sklearn 机器学习库中 K-Means 用法介绍

在 Sklearn 机器学习库中，调用 cluster 聚类子库的 K-Means()函数即可进行 K-Means 聚类运算，该算法要求输入聚类类簇数。调用 KMeans 函数聚类，构造方法如下：

```
sklearn.cluster.KMeans(n_clusters = 8
                      ,init = 'k-means++'
                      ,n_init = 10
                      ,max_iter = 300
                      ,tol = 0.0001
                      ,precompute_distances = True
                      ,verbose = 0
                      ,random_state = None
                      ,copy_x = True
                      ,n_jobs = 1)
```

其中，n_clusters 表示 K 值，聚类类簇数；max_iter 表示最大迭代次数，可省略；n_init 表示用不同初始化质心运算的次数，由于 K-Means 结果是受初始值影响的局部最优的迭代算法，因此需要多运行几次算法以选择一个较好的聚类效果，默认是 10，一般不需要更改，如果 K 值较大，则可以适当增大这个值。init 是初始值选择的方式，可以为完全随机选择"random"、优化过的"k-means++"或者自己指定初始化的 K 个质心，建议使用默认的"k-means++"。

下面举个简单的实例，分析前面例子中的 6 个点，设置聚类类簇数为 2(n_clusters=2)，调用 KMeans()函数聚类，通过 clf.fit()函数装载数据训练模型。代码如下：

```
from sklearn.cluster import KMeans
X = [[1,1],[2,1],[1,3],[6,6],[8,5],[7,8]]
y = [0,0,0,1,1,1]
clf = KMeans(n_clusters = 2)
clf.fit(X,y)
print(clf)
print(clf.labels_)
```

输出结果如下：

```
>>>
KMeans(copy_x = True, init = 'k-means++', max_iter = 300, n_clusters = 2, n_init = 10,
    n_jobs = 1, precompute_distances = 'auto', random_state = None, tol = 0.0001,
    verbose = 0)
[0 0 0 1 1 1]
>>>
```

其中,clf.labels_表示输出 K-means 聚类后的类标。由于聚类类簇设置为 2,故类标为 0 或 1,其中 X[1,1]、X[2,1]、X[1,3]聚类后属于 0 类,X[6,6]、X[8,5]、X[7,8]聚类后属于 1 类。

调用 Matplotlib 扩展库的 scatter()函数可以绘制散点图,代码的具体含义将在 5.2.2 小节中详细介绍。代码如下:

test05_01.py

```
from sklearn.cluster import KMeans
X = [[1,1],[2,1],[1,3],[6,6],[8,5],[7,8]]
y = [0,0,0,1,1,1]
clf = KMeans(n_clusters = 2)
clf.fit(X,y)
print(clf)
print(clf.labels_)
import matplotlib.pyplot as plt
a = [n[0] for n in X]
b = [n[1] for n in X]
plt.scatter(a, b, c = clf.labels_)
plt.show()
```

输出结果如图 5.7 所示,其中右上角 3 个红色点聚集在一起,左下角 3 个蓝色点聚集在一起,聚类效果明显。

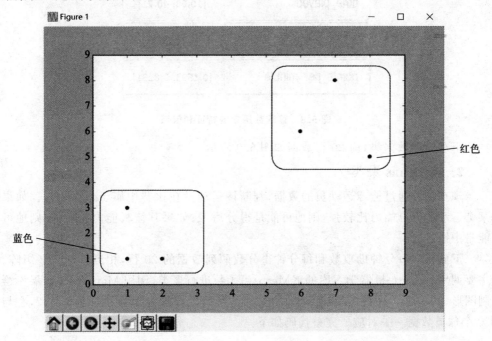

图 5.7　K-Means 聚类图

注意：由于本书为黑白印刷，为了便于区分，将不同类簇的点绘制成不同类型的散点图。

5.2.2 用 K-Means 分析篮球数据

1．篮球数据集

数据集使用的是篮球运动员数据：KEEL-dateset Basketball dataset，下载地址为 http://sci2s.ugr.es/keel/dataset.php?cod=1293。

该数据集主要包括 5 个特征，共 96 行数据，特征包括运动员身高（height）、每分钟助攻数（assists_per_minute）、运动员出场时间（time_played）、运动员年龄（age）和每分钟得分数（points_per_minute）。该数据集的特征和值域如图 5.8 所示，比如每分钟得分数为 0.45，一场正常的 NBA 比赛共 48 min，则场均能得 21.6 分。

Attribute	Domain
assists_per_minute	[0.0494, 0.3437]
height	[160, 203]
time_played	[10.08, 40.71]
age	[22, 37]
points_per_minute	[0.1593, 0.8291]

图 5.8　篮球数据集的特征和值域

下载篮球数据集，前 20 行数据如图 5.9 所示。

2．K-Means 聚类

现在需要通过篮球运动员的数据，判断该运动员在比赛中属于什么位置。如果某个运动员得分能力比较强，则他可能是得分后卫；如果其篮板能力比较强，则他可能是中锋。

下面获取每分钟助攻数和每分钟得分数两列数据的 20 行，相当于 20×2 矩阵。主要调用 Sklearn 机器学习库的 KMeans() 函数进行聚类，调用 Matplotlib 扩展库绘制图形，其输出 y_pred 结果表示聚类的类标，类簇数设置为 3，则类标为 0、1、2，它与 20 个球员数据一一对应。完整代码如下：

```
   assists_per_minute  height  time_played  age  points_per_minute
0              0.0888     201        36.02   28             0.5885
1              0.1399     198        39.32   30             0.8291
2              0.0747     198        38.80   26             0.4974
3              0.0983     191        40.71   30             0.5772
4              0.1276     196        38.40   28             0.5703
5              0.1671     201        34.10   31             0.5835
6              0.1906     193        36.20   30             0.5276
7              0.1061     191        36.75   27             0.5523
8              0.2446     185        38.43   29             0.4007
9              0.1670     203        33.54   24             0.4770
10             0.2485     188        35.01   27             0.4313
11             0.1227     198        36.67   29             0.4909
12             0.1240     185        33.88   24             0.5668
13             0.1461     191        35.59   30             0.5113
14             0.2315     191        38.01   28             0.3788
15             0.0494     193        32.38   32             0.5590
16             0.1107     196        35.22   25             0.4799
17             0.2521     183        31.73   29             0.5735
18             0.1007     193        28.81   34             0.6318
19             0.1067     196        35.60   23             0.4326
20             0.1956     188        35.28   32             0.4280
```

图 5.9 篮球数据集前 20 行

test05_02.py

```
# -*- coding: utf-8 -*-
from sklearn.cluster import KMeans

X = [[0.0888, 0.5885],
     [0.1399, 0.8291],
     [0.0747, 0.4974],
     [0.0983, 0.5772],
     [0.1276, 0.5703],
     [0.1671, 0.5835],
     [0.1906, 0.5276],
     [0.1061, 0.5523],
     [0.2446, 0.4007],
     [0.1670, 0.4770],
     [0.2485, 0.4313],
     [0.1227, 0.4909],
     [0.1240, 0.5668],
     [0.1461, 0.5113],
     [0.2315, 0.3788],
     [0.0494, 0.5590],
     [0.1107, 0.4799],
     [0.2521, 0.5735],
     [0.1007, 0.6318],
     [0.1067, 0.4326],
     [0.1956, 0.4280]
    ]
```

```
print X

# KMeans 聚类
clf = KMeans(n_clusters = 3)
y_pred = clf.fit_predict(X)
print(clf)
print(y_pred)

import numpy as np
import matplotlib.pyplot as plt
x = [n[0] for n in X]
y = [n[1] for n in X]
# 可视化操作
plt.scatter(x, y, c = y_pred, marker = 'x')
plt.title("Kmeans - Basketball Data")
plt.xlabel("assists_per_minute")
plt.ylabel("points_per_minute")
plt.legend(["Rank"])
plt.show()
```

运行结果如图 5.10 所示，从图中可以看出聚集成 3 类，顶部红色点所代表的球员比较厉害，得分和助攻都比较高，可能类似于 NBA 中的乔丹、科比等得分巨星；中间蓝色点代表普通球员那一类；右下角的绿色表示助攻高得分低的一类球员，可能是

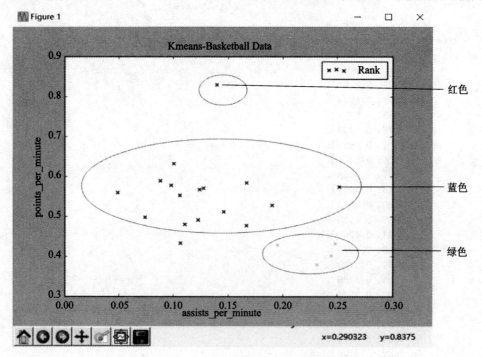

图 5.10　篮球数据集 KMeans 聚类

控位。代码中 y_pred 表示输出的聚类类标,类簇数设置为 3,则类标为 0、1、2,它与 20 个球员数据一一对应。

3. 代码详解

- from sklearn. cluster import KMeans:表示在 Sklearn 机器学习库中处理 KMeans 聚类模型,调用 sklearn. cluster. KMeans 这个类。
- X = [[0.088 8,0.588 5],[0.139 9,0.829 1],...]:X 是数据集,包括 2 列 20 行,对应 20 个球员的每分钟助攻数和每分钟得分数。
- clf = KMeans(n_clusters=3):表示调用 KMeans()函数聚类,并将数据集聚集成类簇数为 3 后的模型赋值给 clf。
- y_pred = clf. fit_predict(X):调用 clf. fit_predict(X)函数对 X 数据集(20 行数据)进行聚类分析,并将预测结果赋值给 y_pred 变量,每个 y_pred 对应 X 的一行数据,聚成 3 类,类标分别为 0、1、2。
- print(y_pred):输出预测结果为[0 2 0 0 0 0 0 0 1 0 1 0 0 0 1 0 0 0 0 0 1]。
- import matplotlib. pyplot as plt:导入 matplotlib. pyplot 扩展库来进行可视化绘图,as 表示重命名为 plt,便于后续调用。
- x = [n[0] for n in X],y = [n[1] for n in X]:分别获取第 1 列和第 2 列的值,并赋值给 x 和 y 变量。通过 for 循环获取,n[0]表示 X 第一列,n[1]表示 X 第 2 列。
- plt. scatter(x, y, c=y_pred, marker='x'):调用 scatter()函数绘制散点图。其中,横轴为 x,获取的第 1 列数据;纵轴为 y,获取的第 2 列数据;c=y_pred 为预测的聚类结果类标;marker='x' 说明用点表示图形。
- plt. title("Kmeans-Basketball Data"):绘制图形的标题为"Kmeans-Basketball Data"。
- plt. xlabel("assists_per_minute") , plt. ylabel("points_per_minute"):表示输出图形 x 轴的标题和 y 轴的标题。
- plt. legend(["Rank"]):设置右上角图例。
- plt. show():调用 show()函数将绘制的图形显示出来。

5.2.3 K-Means 聚类优化

5.2.2 小节的代码存在一个需要优化的问题,可能细心的读者已经发现了,那就是前面的代码定义的是 X 数组(共 20 行、每行 2 个特征),再对其进行数据分析,而实际的数据集通常存储在 TXT、CSV、XLS 等格式文件中,并采用读取文件的方式进行数据分析。那么,如何实现读取文件中数据再进行聚类分析的代码呢?接下来将完整的 96 行篮球数据存储至 TXT 文件进行读取操作,再调用 K-Means 聚类算法进行分析,并将聚集的 3 类数据绘制成想要的颜色和形状。

假设下载的篮球数据集存在本地 data.txt 文件中,如图 5.11 所示。

```
data.txt - 记事本
文件(F) 编辑(E) 格式(O) 查看(V) 帮助(H)
0.0888    201    36.02     28    0.5885
0.1399    198    39.32     30    0.8291
0.0747    198    38.8      26    0.4974
0.0983    191    40.71     30    0.5772
0.1276    196    38.4      28    0.5703
0.1671    201    34.1      31    0.5835
0.1906    193    36.2      30    0.5276
0.1061    191    36.75     27    0.5523
0.2446    185    38.43     29    0.4007
0.167     203    33.54     24    0.477
0.2485    188    35.01     27    0.4313
0.1227    198    36.67     29    0.4909
0.124     185    33.88     24    0.5668
0.1461    191    35.59     30    0.5113
0.2315    191    38.01     28    0.3788
0.0494    193    32.38     32    0.559
0.1107    196    35.22     25    0.4799
0.2521    183    31.73     29    0.5735
```

图 5.11　data.txt 文件中的部分数据

首先,需要读取 data.txt 文件中的数据,然后赋值给 data 变量数组,代码如下:

test05_03.py

```
# -*- coding: utf-8 -*-
import os
data = []
for line in open("data.txt", "r").readlines():
    line = line.rstrip()             #删除换行
    result = ' '.join(line.split())  #删除多余空格,保存一个空格连接
    #获取每行的5个值,如 '0  0.0888  201  36.02  28  0.5885',并将字符串转换为浮点型数
    s = [float(x) for x in result.strip().split(' ')]
    #输出结果:['0', '0.0888', '201', '36.02', '28', '0.5885']
    print s
    #数据存储至 data
    data.append(s)

#输出完整数据集
print data
print type(data)
```

现在输出的结果如下:

```
['0 0.0888 201 36.02 28 0.5885',
 '1 0.1399 198 39.32 30 0.8291',
 '2 0.0747 198 38.80 26 0.4974',
 '3 0.0983 191 40.71 30 0.5772',
 '4 0.1276 196 38.40 28 0.5703',
```

...
]

然后需要获取数据集中的任意两列数据进行数据分析,赋值给二维矩阵 X,对应可视化图形的 x 轴和 y 轴,这里调用 dict()将两列数据绑定,再将 dict 类型转换为 list。

```
print u'第一列 第五列数据'
L2 = [n[0] for n in data]       #第一列表示球员每分钟助攻数:assists_per_minute
L5 = [n[4] for n in data]       #第五列表示球员每分钟得分数:points_per_minute
T = dict(zip(L2,L5))            #两列数据生成二维数据
type(T)
#将 dict 类型转换为 list
X = list(map(lambda x,y: (x,y), T.keys(),T.values()))
print type(X)
print X
```

接下来就是调用 KMeans()函数聚类,聚集的类簇数为 3。输出聚类预测结果,共 96 行数据,每个 y_pred 对应 X 的一行数据或一个球员,聚成 3 类,其类标分别为 0、1、2。其中,"y_pred = clf.fit_predict(X)"表示载入数据集 X 训练预测,并且将聚类的结果赋值给 y_pred。代码如下:

```
from sklearn.cluster import KMeans
clf = KMeans(n_clusters = 3)
y_pred = clf.fit_predict(X)
print(clf)
print(y_pred)
```

最后是可视化分析代码,并生成 3 堆指定的图形和颜色散点图。代码如下:

```
import numpy as np
import matplotlib.pyplot as plt

#获取第一列和第二列数据,使用 for 循环获取,n[0]表示 X 的第一列
x = [n[0] for n in X]
y = [n[1] for n in X]
#坐标
x1, y1 = [], []
x2, y2 = [], []
x3, y3 = [], []

#分别获取类标为 0、1、2 的数据,并分别赋值给(x1,y1),(x2,y2),(x3,y3)
i = 0
while i <len(X):
    if y_pred[i] == 0:
```

```
            x1.append(X[i][0])
            y1.append(X[i][1])
        elif y_pred[i] == 1:
            x2.append(X[i][0])
            y2.append(X[i][1])
        elif y_pred[i] == 2:
            x3.append(X[i][0])
            y3.append(X[i][1])
        i = i + 1

    #3种颜色:红、绿、蓝,marker = " "表示类型,o 表示圆点,*表示星形,x 表示点
    plot1, = plt.plot(x1, y1, 'or', marker = "x")
    plot2, = plt.plot(x2, y2, 'og', marker = "o")
    plot3, = plt.plot(x3, y3, 'ob', marker = " * ")

    plt.title("Kmeans - Basketball Data")              #绘制标题
    plt.xlabel("assists_per_minute")                    #绘制 x 轴
    plt.ylabel("points_per_minute")                     #绘制 y 轴
    plt.legend((plot1, plot2, plot3), ('A', 'B', 'C'), fontsize = 10)  #设置右上角图例
    plt.show()
```

输出结果如图 5.12 所示。

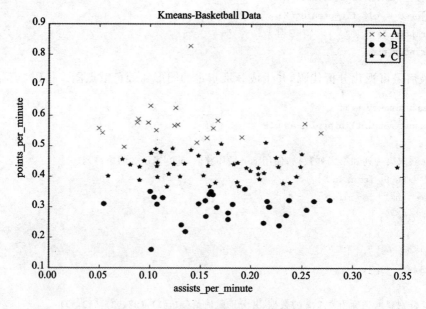

图 5.12 篮球数据集 KMeans 聚类结果

5.2.4 设置类簇中心

KMeans 聚类时,寻找类簇中心或质心的过程非常重要。那么聚类后的质心是否可以显示出来呢?答案是可以的。下述代码所实现的功能就是显示前面对篮球运动员聚类分析的类簇中心并绘制相关图形。完整代码如下:

test05_04.py

```
# -*- coding: utf-8 -*-
#第一步  读取数据
import os
data = []
for line in open("data.txt","r").readlines():
    line = line.rstrip()
    result = ''.join(line.split())
    s = [float(x) for x in result.strip().split(' ')]
    #print s
    data.append(s)
print data
print type(data)


#第二步  获取两列数据
print u'第一列 第五列数据'
L2 = [n[0] for n in data]    #第一列表示球员每分钟助攻数:assists_per_minute
L5 = [n[4] for n in data]    #第五列表示球员每分钟得分数:points_per_minute
T = dict(zip(L2,L5))
type(T)
X = list(map(lambda x,y:(x,y), T.keys(),T.values()))    #将dict类型转换为list
print type(X)
print X


#第三步  聚类分析
from sklearn.cluster import KMeans
clf = KMeans(n_clusters = 3)
y_pred = clf.fit_predict(X)
print(clf)
print(y_pred)


#第四步  绘制图形
import numpy as np
import matplotlib.pyplot as plt
x = [n[0] for n in X]
```

```python
y = [n[1] for n in X]
x1, y1 = [],[]
x2, y2 = [],[]
x3, y3 = [],[]
#分别获取类标为 0、1、2 的数据,并分别赋值给(x1,y1)、(x2,y2)、(x3,y3)
i = 0
while i <len(X):
    if y_pred[i] == 0:
        x1.append(X[i][0])
        y1.append(X[i][1])
    elif y_pred[i] == 1:
        x2.append(X[i][0])
        y2.append(X[i][1])
    elif y_pred[i] == 2:
        x3.append(X[i][0])
        y3.append(X[i][1])
    i = i + 1
#3 种颜色:红、绿、蓝,marker = " "表示类型,其中 o 表示圆点,* 表示星形 x 表示点
plot1, = plt.plot(x1, y1, 'or', marker = "x")
plot2, = plt.plot(x2, y2, 'og', marker = "o")
plot3, = plt.plot(x3, y3, 'ob', marker = " * ")
plt.title("Kmeans - Basketball Data")           #绘制标题
plt.xlabel("assists_per_minute")                #绘制 x 轴
plt.ylabel("points_per_minute")                 #绘制 y 轴
plt.legend((plot1, plot2, plot3), ('A', 'B', 'C'), fontsize = 10)

#第五步  设置类簇中心
centers = clf.cluster_centers_
print centers
plt.plot(centers[:,0],centers[:,1],'r * ',markersize = 20)   #显示 3 个中心点
plt.show()
```

输出结果如图 5.13 所示,可以看到 3 个红色的五角星为类簇中心。
其中,类簇中心的坐标为

```
[[ 0.1741069    0.29691724]
 [ 0.13618696   0.56265652]
 [ 0.16596136   0.42713636]]
```

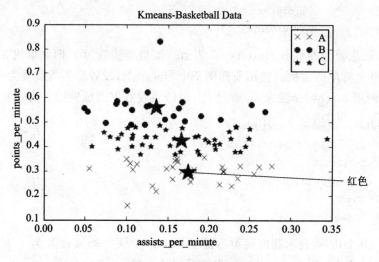

图 5.13 设置类簇中心

5.3 BIRCH

5.3.1 算法描述

BIRCH 层次聚类算法的聚类特征(CF)通过三元组结构描述了聚类类簇的基本信息,其中三元组结构公式如下:

$$CF=(N,\overrightarrow{LS},SS)$$

式中:N 表示聚类数据点的个数,每个点用一个 d 维向量表示;$\overrightarrow{LS}$ 表示 N 个聚类数据点的线性和;SS 表示 N 个聚类数据点的平方和。聚类特征通过线性和表示聚类的质心,通过平方和表示聚类的直径大小。

BIRCH 层次聚类算法主要包括以下 3 个阶段:

① 设定初始阈值 z 并扫描整个数据集 D,再根据该阈值建立一棵聚类特征树 T;

② 通过提升阈值 z 重建该聚类特征树 T,从而得到一棵压缩的 CF 树;

③ 利用全局性聚类算法对 CF 树进行聚类,改进聚类质量以得到更好的聚类结果。

BIRCH 层次聚类算法具有处理的数据规模大、算法效率高、更容易计算类簇的直径和类簇之间的距离等优点。

在 Sklearn 机器学习库中,调用 cluster 聚类子库的 Birch( )函数即可进行 BIRCH 聚类运算,该算法要求输入聚类类簇数。Birch 类构造方法如下:

```
sklearn.cluster.Birch(branching_factor = 50
                , compute_labels = True
                , copy = True
```

```
, n_clusters = 3
, threshold = 0.5)
```

其中,最重要的参数 n_clusters=3 表示该聚类类簇数为 3,即聚集成 3 堆。

下面举个简单的实例。使用前面例子中的 6 个点,设置聚类类簇数为 2(n_clusters=2),调用 Birch()函数聚类,通过 clf.fit()装载数据训练模型。代码如下:

```
from sklearn.cluster import Birch
X = [[1,1],[2,1],[1,3],[6,6],[8,5],[7,8]]
y = [0,0,0,1,1,1]
clf = Birch(n_clusters = 2)
clf.fit(X,y)
print(clf.labels_)
```

其中,clf.labels_ 表示输出聚类后的类标。由于聚类类簇设置为 2,故类标为 0 或 1,其中,X[1,1]、X[2,1]、X[1,3]聚类后属于 0 类,X[6,6]、X[8,5]、X[7,8]聚类后属于 1 类。

输出结果如下:

```
>>>
[0 0 0 1 1 1]
>>>
```

5.3.2 用 BIRCH 分析氧化物数据

1. 数据集

数据来源为 UCI(Glass Identification Database)的玻璃数据集。该数据集包括 7 种类型的玻璃,各个特征分别定义它们的氧化物含量(即钠、铁、钾等)。数据集中的符号包括:Na(钠)、Mg(镁)、Al(铝)、Si(硅)、K(钾)、Ca(钙)、Ba(钡)、Fe(铁)、ri(玻璃的折射率(Refractive Index))。数据集在 glass.csv 文件中,前 10 行数据(包括列名第一行)如图 5.14 所示。

	A	B	C	D	E	F	G	H	I	J	K
1	id	ri	na	mg	al	si	k	ca	ba	fe	glass_type
2	1	1.52101	13.64	4.49	1.1	71.78	0.06	8.75	0	0	1
3	2	1.51761	13.89	3.6	1.36	72.73	0.48	7.83	0	0	1
4	3	1.51618	13.53	3.55	1.54	72.99	0.39	7.78	0	0	1
5	4	1.51766	13.21	3.69	1.29	72.61	0.57	8.22	0	0	1
6	5	1.51742	13.27	3.62	1.24	73.08	0.55	8.07	0	0	1
7	6	1.51596	12.79	3.61	1.62	72.97	0.64	8.07	0	0.26	1
8	7	1.51743	13.3	3.6	1.14	73.09	0.58	8.17	0	0	1
9	8	1.51756	13.15	3.61	1.05	73.24	0.57	8.24	0	0	1
10	9	1.51918	14.04	3.58	1.37	72.08	0.56	8.3	0	0	1

图 5.14 glass.csv 文件中的前 10 行数据

数据集共包含 9 个特征变量,分别为 ri、na、mg、al、si、k、ca、ba 和 fe,1 个类别变量 glass_type，共有 214 个样本。其中，类别变量 glass_type 包括 7 个值，分别是：1 表示浮动处理的窗口类型，2 表示非浮动处理的窗口类型，3 表示浮动处理的加工窗口类型，4 表示非浮动处理的加工窗口类型（该类型在该数据集中不存在），5 表示集装箱类型，6 表示餐具类型，7 表示头灯类型。

数据集地址：http://archive.ics.uci.edu/ml/machine-learning-databases/glass/。

2. 算法实现

调用 Pandas 库读取 glass.csv 文件中的数据，并绘制简单的散点图，代码如下：

```python
import pandas as pd
import matplotlib.pyplot as plt

glass = pd.read_csv("glass.csv")
plt.scatter(glass.al, glass.ri, c = glass.glass_type)
plt.xlabel('al')
plt.ylabel('ri')
plt.show()
```

首先调用 Pandas 的 read_csv() 函数读取文件，然后调用 Matplotlib.pyplot 库中的 scatter() 函数绘制散点图。将 scatter(glass.al, glass.ri, c=glass.glass_type) 中的 Al 元素作为 x 轴，折射率作为 y 轴绘制散点图，不同类别（glass_type）绘制为不同颜色的点（共 7 个类别）。输出结果如图 5.15 所示，可以看到各种颜色的点。

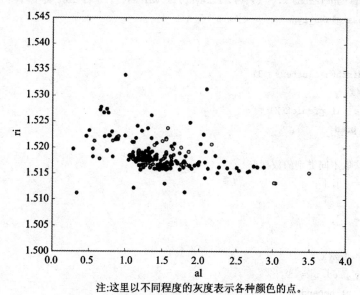

注：这里以不同程度的灰度表示各种颜色的点。

图 5.15 绘制的散点图

调用 Birch()函数进行聚类处理的主要步骤如下:

第一步:调用 Pandas 扩展库的 read_csv()导入玻璃数据集。注意获取两列数据,需要转换为二维数组 X。

第二步:从 sklearn.cluster 库中导入 Birch()聚类函数,并设置聚类类簇数。

第三步:调用 clf.fit(X, y)函数训练模型。

第四步:用训练得到的模型进行预测分析,调用 predict()函数预测数据集。

第五步:分别获取 3 类数据集对应类的点。

第六步:调用 plot()函数绘制散点图,不同类别的数据集设置为不同样式。

完整代码如下:

test05_05.py

```
# -*- coding: utf-8 -*-
import pandas as pd
import matplotlib.pyplot as plt
from sklearn.cluster import Birch

#数据获取
glass = pd.read_csv("glass.csv")
X1 = glass.al
X2 = glass.ri
T = dict(zip(X1,X2))                                    #生成二维数组
X = list(map(lambda x,y: (x,y), T.keys(),T.values()))   #将 dict 类型转换为 list
y = glass.glass_type

#聚类
clf = Birch(n_clusters = 3)
clf.fit(X, y)
y_pred = clf.predict(X)
print y_pred

#分别获取不同类别的数据点
x1, y1 = [], []
x2, y2 = [], []
x3, y3 = [], []
i = 0
while i <len(X):
    if y_pred[i] == 0:
        x1.append(X[i][0])
        y1.append(X[i][1])
    elif y_pred[i] == 1:
```

```
            x2.append(X[i][0])
            y2.append(X[i][1])
        elif y_pred[i] == 2:
            x3.append(X[i][0])
            y3.append(X[i][1])
        i = i + 1

#3种颜色:红、绿、蓝,marker = " "表示类型,其中,o 表示圆点,*表示星形,x 表示点
plot1, = plt.plot(x1, y1, 'or', marker = "x")
plot2, = plt.plot(x2, y2, 'og', marker = "o")
plot3, = plt.plot(x3, y3, 'ob', marker = " * ")
plt.xlabel('al')
plt.ylabel('ri')
plt.show()
```

输出结果如图 5.16 所示。

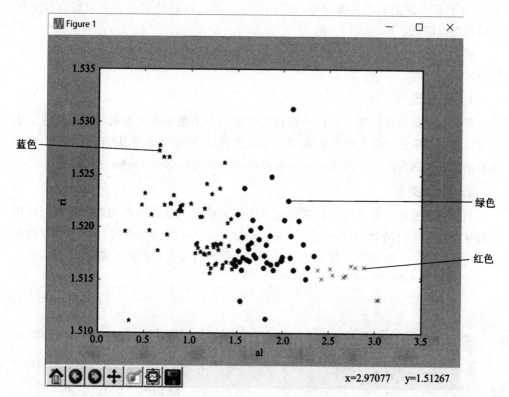

图 5.16　BIRCH 聚类分析散点图

从图 5.16 中可以看出,右下角的红色 x 形点聚集在一起,其 al 含量较高、ri 值较低;中间绿色 o 形点聚集在一起,其 al 含量和 ri 值均匀;右部蓝色 * 形点聚集在一起,

其 al 含量较低、ri 值较高。该 BIRCH 层次聚类算法很好地将数据集划分为 3 部分。

但不知道读者有没有注意到，代码中获取了两列数据进行聚类，而数据集中包含多个特征，如 ri、na、mg、al、si、k、ca、ba 和 fe 等。在真正的聚类分析中，是可以对多个特征进行分析的，这就涉及了降维技术。

5.4 降维处理

任何回归、聚类和分类算法的复杂度都依赖于输入的数量，为了减少存储量和计算时间，我们需要降低问题的维度，丢弃不相关的特征。同时，当数据可以用较少的维度表示而不丢失信息时，我们可以对数据绘图，可视化分析它的结构和离群点，数据降维由此产生。

数据降维（Dimensionality Reduction）是指采用一个低纬度的特征来表示高纬度的特征，其本质是构造一个映射函数 $f:X \rightarrow Y$，其中 X 是原始数据点，用 n 维向量表示；Y 是数据点映射后的 r 维向量，并且 $n>r$。通过这种映射方法可以将高维空间中的数据点降低。

特征降维一般有两类方法：特征选择（Feature Selection）和特征提取（Feature Extraction）。

1. 特征选择

特征选择是指从高纬度特征中选择其中的一个子集来作为新的特征。最佳子集表示以最少的维贡献最大的正确率，丢弃不重要的维，使用合适的误差函数产生。特征选择的方法包括在向前选择（Forword Selection）和在向后选择（Backward Selection）。

2. 特征提取

特征提取是指将高纬度的特征经过某个函数映射至低纬度作为新的特征。常用的特征抽取方法包括 PCA（Principal Component Analysis，主成分分析）和 LDA（线性判别分析）。图 5.17 所示为采用 PCA 方法将三维图形鸢尾花数据降维成两维 2D 图形。

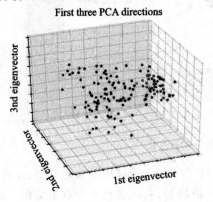
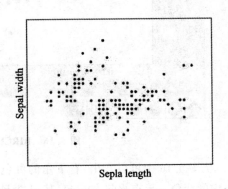

图 5.17　三维图形降维成两维图形

5.4.1 PCA 降维

PCA 是一种常用的线性降维数据分析方法,它是在能尽可能保留具有代表性的原特征数据点的情况下,将原特征进行线性变换,从而映射至低纬度空间中。

PCA 降维方法通过正交变换将一组可能存在相关性的变量转换为一组线性不相关的变量,转换后的这组变量叫作主成分。它可以用于提取数据中的主要特征分量,常用于高维数据的降维。PCA 降维方法的重点在于:能否在各个变量之间相关关系的基础上,用较少的新变量代替原来较多的变量,并且这些较少的新变量能否尽可能多地反映原来较多的变量所提供的信息,又能否保证新指标之间的信息不重叠。

图 5.18 所示是将二维样本的散点图(红色三角形点)降低成一维直线(黄色圆点)表示。最理想的情况是,这个一维新向量所包含的原始数据信息最多,即降维后的直线能尽可能地覆盖二维图形中的点,或者所有点到这条直线的距离和最短。这类似于椭圆长轴,该方向上的离散程度最大、方差最大、所包含的信息最多;而椭圆短轴方向上的数据变化很少,对数据的解释能力较弱。

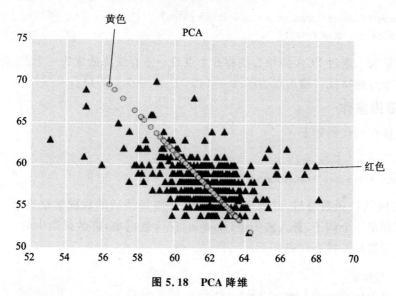

图 5.18 PCA 降维

该方法的推算过程及原理请读者自行学习。

5.4.2 Sklearn PCA 降维

下面介绍 Sklearn 机器学习库中 PCA 降维方法的应用。

1. 导入扩展库

导入扩展库的代码如下:

```
from sklearn.decomposition import PCA
```

2. 调用降维函数

调用降维函数代码如下:

```
pca = PCA(n_components = 2)
```

其中,参数 n_components=2 表示降低为二维。下述代码调用 PCA 降维方法进行降维操作,将一条直线(二维矩阵)X 变量降低为点并输出。

```
import numpy as np
from sklearn.decomposition import PCA
X = np.array([[-1, -1], [-2, -1], [-3, -2], [1, 1], [2, 1], [3, 2]])
pca = PCA(n_components = 2)
print pca
pca.fit(X)
print(pca.explained_variance_ratio_)
```

输出如下,包括 PCA 算法原型及降维成二维的结果。

```
PCA(copy = True, n_components = 2, whiten = False)
[ 0.99244291   0.00755711]
```

其结果表示通过 PCA 降维方法将 6 个点或一条直线降低成为一个点,并尽可能表征这 6 个点的特征。输出点为[0.992 442 91   0.007 557 11]。

3. 降维操作

降维操作的代码如下:

```
pca = PCA(n_components = 2)
newData = pca.fit_transform(x)
```

调用 PCA()函数降维,降低成二维数组,并将降维后的数据集赋值给 newData 变量。下面举一个例子,载入波士顿(Boston)房价数据集,将数据集中的 13 个特征降低为 2 个特征。核心代码如下:

```
#载入数据集
from sklearn.datasets import load_boston
d = load_boston()
x = d.data
y = d.target
print x[:2]
print u'形状:', x.shape

#降维
import numpy as np
from sklearn.decomposition import PCA
```

```
pca = PCA(n_components = 2)
newData = pca.fit_transform(x)
print u'降维后数据:'
print newData[:4]
print u'形状:', newData.shape
```

其中,波士顿房价数据集共 506 行,13 个特征,经过 PCA()函数降维后,降低为 2 个特征,并调用 newData[:4]输出前 4 行数据,输出结果如下:

```
[[  6.32000000e-03   1.80000000e+01   2.31000000e+00   0.00000000e+00
    5.38000000e-01   6.57500000e+00   6.52000000e+01   4.09000000e+00
    1.00000000e+00   2.96000000e+02   1.53000000e+01   3.96900000e+02
    4.98000000e+00]
 [  2.73100000e-02   0.00000000e+00   7.07000000e+00   0.00000000e+00
    4.69000000e-01   6.42100000e+00   7.89000000e+01   4.96710000e+00
    2.00000000e+00   2.42000000e+02   1.78000000e+01   3.96900000e+02
    9.14000000e+00]]
```
形状:(506L, 13L)

降维后数据:
```
[[-119.81821283    5.56072403]
 [-168.88993091  -10.11419701]
 [-169.31150637  -14.07855395]
 [-190.2305986   -18.29993274]]
```
形状:(506L, 2L)

5.4.3 PCA 降维实例

前面讲述的 BIRCH 层次聚类算法分析氧化物的数据只抽取了数据集的第一列和第二列数据,接下来将讲述对整个数据集的所有特征进行聚类的代码,调用 PCA()函数将数据集降低为二维数据,再进行可视化操作,完整代码参考 test05_06.py 文件。

test05_06.py

```
# -*- coding: utf-8 -*-
# 第一步  数据获取
import pandas as pd
glass = pd.read_csv("glass.csv")
print glass[:4]

# 第二步  聚类
from sklearn.cluster import Birch
clf = Birch(n_clusters = 3)
```

```
clf.fit(glass)
pre = clf.predict(glass)
print pre
```

#第三步 降维
```
from sklearn.decomposition import PCA
pca = PCA(n_components = 2)
newData = pca.fit_transform(glass)
print newData[:4]
x1 = [n[0] for n in newData]
x2 = [n[1] for n in newData]
```

#第四步 绘图
```
import matplotlib.pyplot as plt
plt.xlabel("x feature")
plt.ylabel("y feature")
plt.scatter(x1, x2, c = pre, marker = 'x')
plt.show()
```

其中,"[n[0] for n in newData]"表示获取降维后的第一列数据,"[n[1] for n in newData]"表示获取降维后的第二列数据,并分别赋值给 x1 和 x2 变量,为最后的绘图做准备。

输出结果如图 5.19 所示。

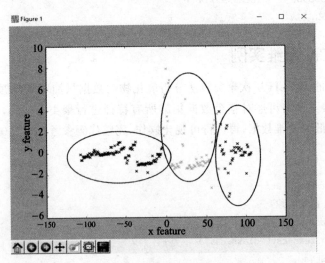

图 5.19 PCA 降维

同时,上述代码输出的前 4 行数据集结果如下:

>>>

```
     id      ri     na    mg    al     si     k    ca   ba   fe  glass_type
0     1  1.52101  13.64  4.49  1.10  71.78  0.06  8.75  0.0  0.0          1
1     2  1.51761  13.89  3.60  1.36  72.73  0.48  7.83  0.0  0.0          1
2     3  1.51618  13.53  3.55  1.54  72.99  0.39  7.78  0.0  0.0          1
3     4  1.51766  13.21  3.69  1.29  72.61  0.57  8.22  0.0  0.0          1
[0 0 0 0 0 0 0 0 0 0 0 0 0 0 0 0 0 0 0 0 0 0 0 0 0 0 0 0 0 0 0 0 0 0 0
 0 0 0 0 0 0 0 0 0 0 0 0 0 0 0 0 0 0 0 0 0 0 0 0 0 0 0 0 0 0 0 0 0 0 0
 0 0 0 0 0 0 0 0 0 0 0 0 0 0 0 0 0 0 0 0 0 0 0 0 0 0 0 1 1 1 1 1 1 1 1
 1 1 1 1 1 1 1 1 1 1 1 1 1 1 1 1 1 1 1 1 1 1 1 1 1 1 1 1 1 1 1 1 1 1 1
 1 1 1 1 1 1 1 1 1 1 1 1 1 1 1 1 1 1 1 1 2 2 2 2 2 2 2 2 2 2 2 2 2 2 2
 2 2 2 2 2 2 2 2 2 2 2 2 2 2 2 2 2 2 2]
[[-106.51973073   -0.10860026]
 [-105.50574714   -0.63719691]
 [-104.50655818   -0.63059005]
 [-103.51120799   -0.26513511]]
>>>
```

最后简单介绍设置不同类簇数的聚类对比代码，完整代码如下：

test05_07.py

```python
# -*- coding: utf-8 -*-
import pandas as pd
import matplotlib.pyplot as plt
from sklearn.decomposition import PCA
from sklearn.cluster import Birch

# 获取数据集及降维
glass = pd.read_csv("glass.csv")
pca = PCA(n_components = 2)
newData = pca.fit_transform(glass)
print newData[:4]
L1 = [n[0] for n in newData]
L2 = [n[1] for n in newData]
plt.rc('font', family = 'SimHei', size = 8)       # 设置字体
plt.rcParams['axes.unicode_minus'] = False        # 负号

# 聚类，类簇数 = 2
clf = Birch(n_clusters = 2)
clf.fit(glass)
pre = clf.predict(glass)
```

```python
p1 = plt.subplot(221)
plt.title(u"Birch 聚类 n = 2")
plt.scatter(L1,L2,c = pre,marker = "s")
plt.sca(p1)

# 聚类,类簇数 = 3
clf = Birch(n_clusters = 3)
clf.fit(glass)
pre = clf.predict(glass)
p2 = plt.subplot(222)
plt.title(u"Birch 聚类 n = 3")
plt.scatter(L1,L2,c = pre,marker = "o")
plt.sca(p2)

# 聚类,类簇数 = 4
clf = Birch(n_clusters = 4)
clf.fit(glass)
pre = clf.predict(glass)
p3 = plt.subplot(223)
plt.title(u"Birch 聚类 n = 4")
plt.scatter(L1,L2,c = pre,marker = "o")
plt.sca(p3)

# 聚类,类簇数 = 5
clf = Birch(n_clusters = 5)
clf.fit(glass)
pre = clf.predict(glass)
p4 = plt.subplot(224)
plt.title(u"Birch 聚类 n = 5")
plt.scatter(L1,L2,c = pre,marker = "s")
plt.sca(p4)
plt.savefig('18.20.png', dpi = 300)
plt.show()
```

输出结果如图 5.20 所示,可以分别看到类簇数为 2、3、4、5 的聚类对比情况。需要注意的是,不同类簇数据点的颜色是不同的,由于本书采用黑白印刷,不太好区分,建议读者自行实现该部分代码,从实际数据分析中体会。

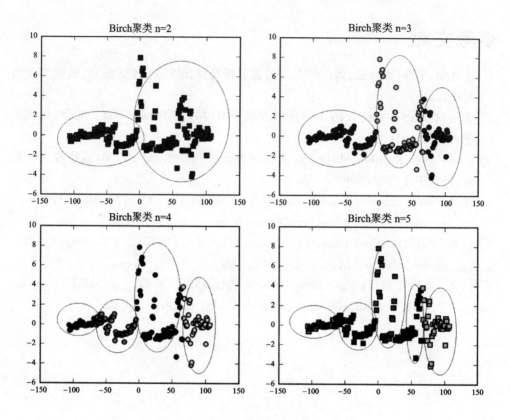

图 5.20 BIRCH 聚类不同类簇数对比

5.5 本章小结

聚类是把一堆数据归为若干类,同一类数据具有某些相似性,并且这些类是通过数据自发地聚集出来的,而不是事先给定的,也不需要标记结果,机器学习里面称之为无监督学习。常见的聚类方法包括 K-Means、BIRCH、谱聚类和图聚类等。聚类被广泛应用于不同场景中,社交网络通过聚类来发现人群,关注人群的喜好;网页通过聚类来查找相似文本内容;图像通过聚类来进行分割和检索相似图片;电商通过用户聚类来分析购物的人群、推荐商品以及计算购物最佳时间等。希望读者认真学习本章的 K-Means 和 BIRCH 聚类案例,然后掌握基本的聚类分析方法并应用于感兴趣的研究中。同时,请读者自行深入学习更多聚类算法和原理知识,并且请结合 Sklearn 官网和开源网站学习更多的机器学习知识。

参考文献

[1] 张良均,王路,谭立云,等. Python数据分析与挖掘实战[M]. 北京:机械工业出版社,2016.

[2] Wes McKinney. 利用Python进行数据分析[M]. 唐学韬,等译. 北京:机械工业出版社,2013.

[3] Han Jiawei,Kamber Micheline. 数据挖掘概念与技术[M]. 范明,孟小峰,译. 北京:机械工业出版社,2007.

[4] 佚名. scikit-learn clusterin[EB/OL]. [2017-11-17]. http://scikit-learn.org/stable/modules/clustering.html#clustering.

[5] 佚名. KEEL-dateset Basketball dataset[EB/OL]. [2017-11-17]. http://sci2s.ugr.es/keel/dataset.php?cod=1293.

[6] 佚名. 玻璃数据集(Glass Identification Database)[EB/OL]. [2017-11-17]. http://archive.ics.uci.edu/ml/machine-learning-databases/glass/.

第 6 章 Python 分类分析

分类（Classification）属于有监督学习中的一类，又称为归纳学习（Inductive Learning），它是数据挖掘、机器学习和数据科学中一个重要的研究领域。分类模型类似于人类学习的方式，通过对历史数据或训练集的学习得到一个目标函数，再用该目标函数预测新数据集的未知属性。本章主要讲述分类算法基础概念，并结合决策树、KNN、SVM 分类算法案例分析各类数据集，从而让读者学会使用 Python 分类算法来分析自己的数据集，研究自己领域的知识，从而创造价值。

6.1 分　　类

6.1.1 分类模型

与前面讲述的聚类模型类似，分类模型如图 6.1 所示。它主要包括两个步骤：

① 训练。给定一个数据集，每个样本都包含一组特征和一个类别信息，然后调用分类算法训练分类模型。

② 预测。利用生成的模型或函数对新的数据集（测试集）进行分类预测，并判断其分类后的结果，进行可视化绘图显示。

通常为了检验学习模型的性能会使用校验集。数据集会被分成不相交的训练集和测试集，训练集用来构造分类模型，测试集用来检验多少类标签被正确分类。

假设存在一个垃圾分类系统，将邮件划分为"垃圾邮件"和"非垃圾邮件"。现在有一个带有是否是垃圾邮件类标的训练集，然后训练一个分类模型，对测试集进行预测，步骤如下：

① 分类模型对训练集进行训练，判断每行数据是正向数据还是负向数据，并不断与真实的结果进行比较，反复训练模型，直到模型达到某个状态或超出某个阈值，模型训练结束。

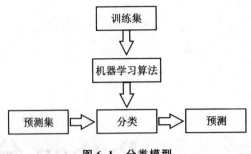

图 6.1 分类模型

② 利用该模型对测试集进行预测,判断其类标是"垃圾邮件"还是"非垃圾邮件",并计算出该分类模型的准确率(Precision)、召回率(Recall)和 F 值(F-measure 或 F-score)。

经过上述步骤,当收到一封新邮件时,我们可以根据它的内容或特征,判断其是否是垃圾邮件,这为我们提供了很大的便利,能够防止垃圾邮件的骚扰。

6.1.2 常见分类算法

监督式学习包括分类和回归两部分。常见的分类算法包括朴素贝叶斯分类器、决策树、K 最近邻分类算法、支持向量机、神经网络和基于规则的分类算法等,同时还包括集成学习,它把若干个分类器集成起来,通过对多个分类器的分类结果进行某种组合来决定最终的分类,以取得比单个分类器更好的性能,常见的集成算法如装袋(Bagging)和推进(Boosting)等。

1. 朴素贝叶斯分类器

朴素贝叶斯分类器(Naive Bayes Classifier,NBC)起源于古典数学理论,有着坚实的数学基础和稳定的分类效率。该算法利用贝叶斯定理来预测一个未知类别的样本属于哪个类别的可能性,选择其中可能性最大的一个类别作为该样本的最终类别。其中,朴素贝叶斯(Naive Bayes)法是基于贝叶斯定理与特征条件独立假设的方法,是一类利用概率统计知识进行分类的算法。广泛应用该算法的模型称为朴素贝叶斯模型(Naive Bayesian Model,NBM)。

根据贝叶斯定理,对于一个分类问题,给定样本特征 x,样本属于类别 y 的概率如下:

$$p(y \mid x) = \frac{p(x \mid y)p(y)}{p(x)}$$

式中:$p(x)$ 表示 x 事件发生的概率;$p(y)$ 表示 y 事件发生的概率;$p(x \mid y)$ 表示事件 y 发生后事件 x 发生的概率。

由于贝叶斯定理的成立本身就需要一个很强的条件独立性假设前提,而此假设在实际情况中经常是不成立的,因而其分类准确性就会下降,同时它对缺失的数据不太敏感。本书没有详细介绍朴素贝叶斯分类实例,希望读者自行研究学习。

2. 决策树

决策树(Decision Tree)是以实例为基础的归纳学习算法(Inductive Learning),它是对一组无次序、无规则的实例建立一棵决策判断树,并推理出树形结果的分类规则。决策树作为分类和预测的主要技术之一,其构造目的是找出属性和类别间的关系,然后用它来预测未知数据的类别。该算法采用自顶向下的递归方式,在决策树的内部节点进行属性比较,并根据不同的属性值判断从该节点向下的分支,在决策树的叶节点得到反馈的结果。

决策树根据数据的属性采用树状结构建立决策模型,常用来解决分类和回归问题。常见的算法包括:分类及回归树、ID3、C4.5、随机森林等。

3. K 最近邻分类算法

K 最近邻(K-Nearest Neighbor,KNN)分类算法是一种基于实例的分类方法,是数据挖掘分类技术中最简单、常用的方法之一。所谓 K 最近邻,就是寻找 K 个最近的邻居,每个样本都可以用它最接近的 K 个邻居来代表。该方法需要找出与未知样本 X 距离最近的 K 个训练样本,看这 K 个样本中属于哪一类的数量多,就把未知样本 X 归为哪一类。

K 近邻算法是一种懒惰学习方法,它存放样本,直到需要分类才进行分类,如果样本集比较复杂,则可能会导致很大的计算开销,因此无法应用到实时性很强的场合中。

4. 支持向量机

支持向量机(Support Vector Machine,SVM)是数学家 Vapnik 等人根据统计学习理论提出的一种新的学习方法,其基本模型定义为特征空间上的间隔最大的线性分类器,其学习策略是间隔最大化,最终转换为一个凸二次规划问题的求解。

SVM 分类算法的最大特点是根据结构风险最小化准则,以最大化分类间隔构造最优分类超平面来提高学习机的泛化能力,较好地解决了非线性、高维数、局部极小点等问题,同时维数大于样本数时仍然有效,支持不同的内核函数(线性、多项式、s 型等)。

5. 神经网络

神经网络(Neural Network,也称为人工神经网络)是 20 世纪 80 年代机器学习界非常流行的算法,不过在 90 年代中途衰落。现在随着"深度学习"之势重新火热,神经网络又重新归来,成为最强大的机器学习算法之一。图 6.2 所示是一个神经网络的例子,包括输入层、隐藏层和输出层。

人工神经网络(Artificial Neural Network,ANN)是一种模仿生物神经网络的结构和功能的数学模型或计算模型。在这种模型中,大量的节点或称"神经元"之间相互连接构成网络,即"神经网络",以达到处理信息的目的。神经网络通常需要进行训

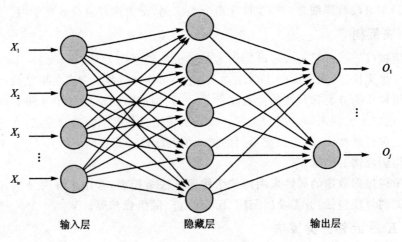

图 6.2 神经网络

练,训练的过程就是网络进行学习的过程,训练改变了网络节点的连接权的值使其具有分类的功能,经过训练的网络就可以用于对象的识别了。

常见的人工神经网络有 BP(Back Propagation)神经网络、径向基 RBF 神经网络、Hopfield 神经网络、随机神经网络(Boltzmann 机)、深度神经网络(DNN)、卷积神经网络(CNN)等。

6. 集成学习

集成学习(Ensemble Learning)是一种机器学习方法,它使用一系列学习器进行学习,并使用某种规则把各个学习结果进行整合,从而获得比单个学习器更好的学习效果。由于实际应用的复杂性和数据的多样性使得单一的分类方法不够有效,因此,学者们对多种分类方法的融合即集成学习进行了广泛的研究,集成学习俨然成为国际机器学习界的研究热点。

集成学习试图通过连续调用单个的学习算法来获得不同的基学习器,然后根据规则组合这些基学习器解决同一个问题,这样可以显著提高学习系统的泛化能力。组合多个基学习器主要采用投票(加权)的方法,常见的算法有 Bagging、Boosting 等。

6.1.3 回归、聚类和分类的区别

分类和回归都属于有监督学习,它们的区别在于:回归是用来预测连续的实数值,比如给定了房屋面积来预测房屋价格,返回的结果是房屋价格;而分类是用来预测有限的离散值,比如判断一个人是否患糖尿病,返回值是"是"或"否"。也就是说,明确对象属于哪个预定义的目标类,预定义的目标类是离散值时为分类,连续值时为回归。

分类属于有监督学习,而聚类属于无监督学习,其主要区别是训练过程中是否知道结果或是否存在类标。比如让小孩给水果分类,给他苹果时告诉他这是苹果,给他

桃子时告诉他这是桃子，经过反复训练学习，现在给他一个新的水果，问他"这是什么？"，小孩对其进行回答判断，整个过程就是一个分类学习的过程，在训练小孩的过程中反复告诉他对应水果真实的类别。而如果采用聚类算法对其进行分析，则是给小孩一堆水果，包括苹果、橘子、桃子，小孩开始不知道需要分类的水果是什么，让小孩自己对水果进行分类，按照水果自身的特征进行归纳和判断，小孩将水果分成3堆后，再给小孩新的水果，比如是苹果，小孩把它放到苹果堆……整个过程称为聚类学习过程。总之，分类学习在训练过程中是知道对应的类标结果的，即训练集是存在对应的类标的；而聚类学习在训练过程中是不知道数据对应的结果的，根据数据集的特征，按照"物以类聚"的方法，将具有相似属性的数据聚集在一起。

6.1.4 性能评估

分类算法有很多种，不同的分类算法又有很多不同的变种。不同的分类算法有不同的特点，在不同的数据集上表现的效果也不同，我们需要根据特定的任务来选择对应的算法。选择完分类算法后，我们如何评价该分类算法的好坏呢？本书主要采用准确率、召回率和F值来评价分类算法，详见5.1.3小节。

公式如下：

$$\text{Precision} = \frac{N}{S} \times 100\%$$

$$\text{Recall} = \frac{N}{T} \times 100\%$$

$$\text{F-score} = \frac{2 \times \text{Precision} \times \text{Recall}}{\text{Precision} + \text{Recall}} \times 100\%$$

其他常用分类算法的评价指标包括正确率（Accuracy）、错误率（Error Rate）、灵敏度（Sensitive）、特效度（Specificity）和ROC曲线等。

6.2 决策树

6.2.1 算法实例描述

下面通过一个招聘的案例来讲述决策树的基本原理及过程。对于一位程序员与面试官初次面试的简单对话，利用决策树分类的思想来构建一个树形结构。对话如下：

面试官：多大年纪了？
程序员：25岁。
面试官：本科是不是已经毕业呢？
程序员：是的。

面试官:编程技术厉不厉害?
程序员:不算太厉害,中等水平。
面试官:熟悉 Python 语言吗?
程序员:熟悉的,做过数据挖掘相关应用。
面试官:可以的,你通过了。

这个面试的决策过程就是典型的分类树决策。相当于通过年龄、学历、编程技术以及是否熟悉 Python 语言将程序员初试分为两个类别:通过和不通过。假设这位面试官对程序员的要求是 30 岁以下、本科以上学历,并且编程技术很好,或熟悉 Python 语言、编程技术中等以上,则该面试官的决策逻辑过程如图 6.3 所示。

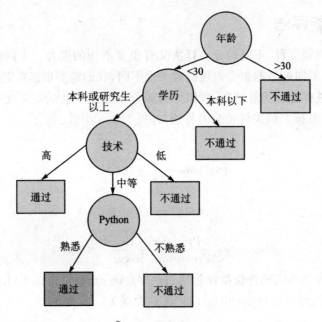

图 6.3 决策树面试过程

第二个实例是典型的决策树判断苹果的例子。假设存在 4 个样本, 2 个属性判断是否是好苹果,其中,第二列 1 表示苹果很红, 0 表示苹果不红;第三列 1 表示苹果很大, 0 表示苹果很小;第 4 列 1 表示苹果好吃, 0 表示苹果不好吃,如表 6.1 所列。

表 6.1 苹果数据集

序 号	红色属性	大小属性	好吃或不好吃
1	1	1	1
2	1	0	0
3	0	1	1
4	0	0	0

样本中有 2 个属性,即红色属性和大小属性。这里红苹果用 A0 表示,大苹果用 A1 表示,构建的决策树如图 6.4 所示。图 6.4 中最顶端有 4 个苹果(1,2,3,4),然后它将颜色红的苹果放在一边(A0＝红),颜色不红的苹果放在另一边,其结果为 1,2 是红苹果,3,4 是不红的苹果;再根据苹果的大小进行划分,将大的苹果判断为好吃的苹果(A1＝大),最终输出结果在图中第三层显示,其中 1 和 3 是好吃的苹果,2 和 4 是不好吃的苹果,该实例表明苹果越大越好吃。

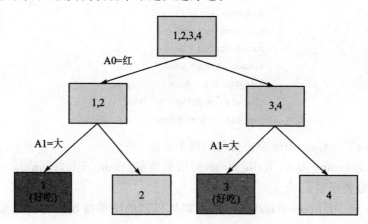

图 6.4 决策树分析苹果

决策树根据数据的属性采用树状结构来构建决策树模型,常用来解决分类和回归问题。常见的决策树算法包括:分类及回归树(Classification And Regression Tree,CART)、ID3(Iterative Dichotomiser 3)算法、C4.5 算法、随机森林(Random Forest)算法、梯度推进机(Gradient Boosting Machine,GBM)算法等。

决策树构建的基本步骤包括 4 步,如下:

第一步:开始时将所有记录看作一个节点。

第二步:遍历每个变量的每一种分割方式,找到最好的分割点。

第三步:分割成两个节点 N1 和 N2。

第四步:对 N1 和 N2 分别继续执行第二步和第三步,直到每个节点足够"纯"为止。

决策树具有两个优点:

① 模型可读性好、描述性强,有助于人工分析。

② 效率高。决策树只需要构建一次,可以被反复使用,每一次预测的最大计算次数不超过决策树的深度。

6.2.2 DTC 算法

在 Sklearn 机器学习库中,实现决策树(DecisionTreeClassifier,DTC)的类是 sklearn.tree.DecisionTreeClassifier。它能够解决数据集的多类分类问题,输入参数

为两个数组——X[n_samples,n_features]和 y[n_samples],其中,X 为训练数据,y 为训练数据的标记值。

DecisionTreeClassifier 构造方法为

```
sklearn.tree.DecisionTreeClassifier(criterion = 'gini'
                    , splitter = 'best'
                    , max_depth = None
                    , min_samples_split = 2
                    , min_samples_leaf = 1
                    , max_features = None
                    , random_state = None
                    , min_density = None
                    , compute_importances = None
                    , max_leaf_nodes = None)
```

DecisionTreeClassifier 类主要包括两个方法:

① clf.fit(train_data,train_target):用来装载(train_data,train_target)训练数据,并训练分类模型。

② pre = clf.predict(test_data):用训练得到的决策树模型对测试集 test_data 进行预测分析。

6.2.3 用决策树分析鸢尾花

4.4.2 小节已介绍鸢尾花数据集的相关内容,这里不再赘述。载入鸢尾花数据集的代码如下:

```
from sklearn.datasets import load_iris
iris = load_iris()
print iris.data
print iris.target
```

test06_01.py 文件中的代码所实现的功能是调用 Sklearn 机器学习库中的 DecisionTreeClassifier 决策树算法进行分类分析,并绘制预测的散点图。

test06_01.py

```
#导入数据集 iris
from sklearn.datasets import load_iris
iris = load_iris()
print iris.data                    #输出数据集
print iris.target                  #输出真实标签
print len(iris.target)
print iris.data.shape              #150 个样本,每个样本有 4 个特征
```

```
#导入决策树DTC库
from sklearn.tree import DecisionTreeClassifier
clf = DecisionTreeClassifier()
clf.fit(iris.data, iris.target)                    #训练
print clf
predicted = clf.predict(iris.data)                 #预测

#获取花卉两列数据集
X = iris.data
L1 = [x[0] for x in X]
L2 = [x[1] for x in X]

#绘图
import numpy as np
import matplotlib.pyplot as plt
plt.scatter(L1, L2, c = predicted, marker = 'x')   #cmap = plt.cm.Paired
plt.title("DTC")
plt.show()
```

输出结果如图6.5所示,可以看到决策树算法将数据集预测为3类,分别代表数据集对应的3种鸢尾花,但数据集中存在小部分交叉结果。预测的结果如下:

```
[0 0 0 0 0 0 0 0 0 0 0 0 0 0 0 0 0 0 0 0 0 0 0 0 0 0 0 0 0 0 0 0 0
 0 0 0 0 0 0 0 0 0 0 0 0 0 0 0 0 1 1 1 1 1 1 1 1 1 1 1 1 1 1 1 1 1 1 1
 1 1 1 1 1 1 1 1 1 1 1 1 1 1 1 1 1 1 1 1 1 1 1 2 2 2 2 2 2 2 2 2 2
 2 2 2 2 2 2 2 2 2 2 2 2 2 2 2 2 2 2 2 2 2 2 2 2 2 2 2 2 2 2 2 2 2
 2 2]
```

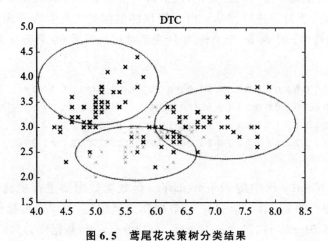

图6.5 鸢尾花决策树分类结果

下面对上述核心代码进行简单描述。

- from sklearn. datasets import load_iris；
- iris ＝ load_iris()。

该部分代码是导入 Sklearn 机器学习库自带的鸢尾花数据集，调用 load_iris() 函数导入数据，数据共分为数据（data）和类标（target）两部分。

- from sklearn. tree import DecisionTreeClassifier；
- clf ＝ DecisionTreeClassifier()；
- clf. fit(iris. data, iris. target)；
- predicted ＝ clf. predict(iris. data)。

该部分代码导入决策树模型，并调用 fit() 函数进行训练，调用 predict() 函数进行预测。

- import matplotlib. pyplot as plt；
- plt. scatter(L1，L2，c＝predicted，marker＝'x')。

该部分代码是导入 Matplotlib 绘图扩展库，调用 scatter() 函数绘制散点图。

但上面的代码中存在以下两个问题：

① 通过"L1 ＝ [x[0] for x in X]"获取第一列和第二列数据集进行分类分析和绘图，而真实的 iris 数据集中包括 4 个特征，那怎么绘制 4 个特征的图形呢？这就需要利用 PCA 降维技术处理，参考 5.4 节。

② 在聚类、回归、分类模型中都需要先进行训练，再对新的数据集进行预测，这里却是对整个数据集进行分类分析，而真实情况是要把数据集划分为训练集和测试集。例如，数据集的 70％用于训练、30％用于预测，或 80％用于训练、20％用于预测。

6.2.4　数据集划分及分类评估

本小节内容主要是进行代码优化，包括将数据集划分为 80％训练集和 20％预测集，并对决策树分类算法进行评估。由于提供的数据集类标存在一定的规律，前 50 个类标为 0（山鸢尾），中间 50 个类标为 1（变色鸢尾），最后 50 个类标为 2（维吉尼亚鸢尾），即

[0 0 0 0 0 0 0 0 0 0 0 0 0 0 0 0 0 0 0 0 0 0 0 0 0 0 0 0 0 0 0 0 0 0 0 0 0
 0 0 0 0 0 0 0 0 0 0 0 0 1 1 1 1 1 1 1 1 1 1 1 1 1 1 1 1 1 1 1 1 1 1 1 1 1
 1 1 1 1 1 1 1 1 1 1 1 1 1 1 1 1 1 1 1 1 1 1 1 2 2 2 2 2 2 2 2 2 2 2 2 2 2
 2 2 2 2 2 2 2 2 2 2 2 2 2 2 2 2 2 2 2 2 2 2 2 2 2 2 2 2 2 2 2 2 2 2 2 2 2
 2 2]

所以这里调用 NumPy 库中的 concatenate() 函数对数据集进行挑选集成，选择第 0～40 行、第 50～90 行、第 100～140 行数据作为训练集，对应的类标作为训练样本类标；再选择第 40～50 行、第 90～100 行、第 140～150 行数据作为预测集，对应的样本类标作为预测类标。代码如下，"axis＝0"表示选取数值的等差间隔为 0，即紧挨着获取数值。

```
#训练集
train_data = np.concatenate((iris.data[0:40, :], iris.data[50:90, :], iris.data
[100:140, :]), axis = 0)
#训练集样本类别
train_target = np.concatenate((iris.target[0:40], iris.target[50:90], iris.target
[100:140]), axis = 0)
#测试集
test_data = np.concatenate((iris.data[40:50, :], iris.data[90:100, :], iris.data
[140:150, :]), axis = 0)
#测试集样本类别
test_target = np.concatenate((iris.target[40:50], iris.target[90:100], iris.target
[140:150]), axis = 0)
```

同时,调用 Sklearn 机器学习库中的 metrics 类对决策树分类算法进行评估,它将输出准确率、召回率、F 特征值和支持度等。

```
#输出准确率、召回率、F 值
from sklearn import metrics
print(metrics.classification_report(test_target, predict_target))
print(metrics.confusion_matrix(test_target, predict_target))
```

分类报告的核心函数为

```
sklearn.metrics.classification_report(y_true,
                                      y_pred,
                                      labels = None,
                                      target_names = None,
                                      sample_weight = None,
                                      digits = 2)
```

其中,y_true 表示正确的分类类标;y_pred 表示分类预测的类标;labels 表示分类报告中显示的类标签的索引列表;target_names 显示与 labels 对应的名称;digits 表示指定输出格式的精确度。评价公式如下:

$$\text{Precision} = \frac{N}{S} \times 100\%$$

$$\text{Recall} = \frac{N}{T} \times 100\%$$

$$\text{F1-score} = \frac{2 \times \text{Precision} \times \text{Recall}}{(\text{Precision} + \text{Recall})}$$

调用 metrics.classification_report()方法对决策树算法进行评估后,会在最后一行对所有指标进行加权平均值,完整代码如下:

test06_02.py

```python
#导入数据集 iris
from sklearn.datasets import load_iris
iris = load_iris()
'''
重点:分割数据集 构造训练集/测试集,80/20
     70%训练   0~40  50~90   100~140
     30%预测   40~50 90~100  140~150
'''
train_data = np.concatenate((iris.data[0:40, :], iris.data[50:90, :], iris.data
[100:140, :]), axis = 0)     #训练集
train_target = np.concatenate((iris.target[0:40], iris.target[50:90], iris.target
[100:140]), axis = 0)         #训练集样本类别
test_data = np.concatenate((iris.data[40:50, :], iris.data[90:100, :], iris.data
[140:150, :]), axis = 0)      #测试集
test_target = np.concatenate((iris.target[40:50], iris.target[90:100], iris.target
[140:150]), axis = 0)         #测试集样本类别

#导入决策树 DTC 库
from sklearn.tree import DecisionTreeClassifier
clf = DecisionTreeClassifier()
clf.fit(train_data, train_target)      #注意,均使用训练数据集和样本类标
print clf
predict_target = clf.predict(test_data)  #测试集
print predict_target

#预测结果与真实结果比对
print sum(predict_target == test_target)
#输出准确率、召回率、F值
from sklearn import metrics
print(metrics.classification_report(test_target, predict_target))
print(metrics.confusion_matrix(test_target, predict_target))

#获取花卉测试数据集两列数据
X = test_data
L1 = [n[0] for n in X]
print L1
L2 = [n[1] for n in X]
print L2

#绘图
```

```
import numpy as np
import matplotlib.pyplot as plt
plt.scatter(L1, L2, c = predict_target, marker = 'x')    # cmap = plt.cm.Paired
plt.title("DecisionTreeClassifier")
plt.show()
```

输出结果如下,包括对数据集第 40~50、第 90~100、第 140~150 的预测结果,接下来输出的"30"表示整个 30 组类标预测结果和真实结果是一致的,最后输出评估结果。

```
[0 0 0 0 0 0 0 0 0 0 1 1 1 1 1 1 1 1 1 1 2 2 2 2 2 2 2 2 2 2]
30
             precision    recall   f1-score   support
          0       1.00      1.00      1.00        10
          1       1.00      1.00      1.00        10
          2       1.00      1.00      1.00        10

avg / total       1.00      1.00      1.00        30

[[10  0  0]
 [ 0 10  0]
 [ 0  0 10]]
```

同时输出图形,如图 6.6 所示。

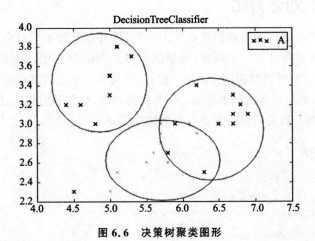

图 6.6　决策树聚类图形

读者可自行深入研究,调用 sklearn.tree.export_graphviz 类实现导出决策树绘制树形结构的过程,比如鸢尾花数据集输出如图 6.7 所示的树形结构。

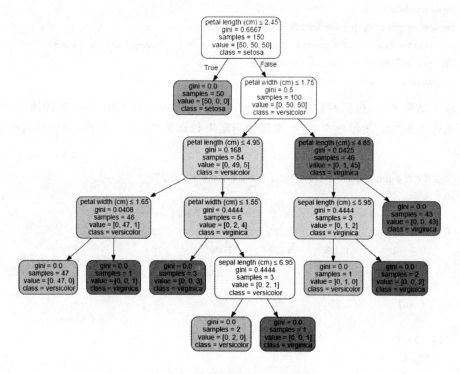

图 6.7 鸢尾花数据集的树形结构

6.2.5 区域划分对比

区域划分对比是指按照数据集真实的类标,将其划分为不同颜色的区域,比如这里的鸢尾花数据集共分为 3 个区域,最后进行散点图绘制对比。如果每个区域对应一类散点,则表示预测结果和真实结果一致;如果某个区域混入其他类型的散点,则表示该点的预测结果与真实结果不一致。完整代码如下,首先调用"iris.data[:,:2]"获取其中两列数据(两个特征),然后再进行决策树分类分析。

test06_03.py

```
# -*- coding: utf-8 -*-
import matplotlib.pyplot as plt
import numpy as np
from sklearn.datasets import load_iris
from sklearn.tree import DecisionTreeClassifier

#载入鸢尾花数据集
iris = load_iris()
X = X = iris.data[:,:2]    #获取花卉前两列数据
```

```
Y = iris.target
lr = DecisionTreeClassifier()
lr.fit(X,Y)

#meshgrid()函数生成两个网格矩阵
h = .02
x_min, x_max = X[:,0].min() - .5, X[:,0].max() + .5
y_min, y_max = X[:,1].min() - .5, X[:,1].max() + .5
xx, yy = np.meshgrid(np.arange(x_min, x_max, h), np.arange(y_min, y_max, h))
#pcolormesh()函数将xx,yy两个网格矩阵和对应的预测结果Z绘制在图片上
Z = lr.predict(np.c_[xx.ravel(), yy.ravel()])
Z = Z.reshape(xx.shape)
plt.figure(1, figsize=(8,6))
plt.pcolormesh(xx, yy, Z, cmap=plt.cm.Paired)

#绘制散点图
plt.scatter(X[:50,0], X[:50,1], color='red', marker='o', label='setosa')
plt.scatter(X[50:100,0], X[50:100,1], color='blue', marker='x', label='versicolor')
plt.scatter(X[100:,0], X[100:,1], color='green', marker='s', label='virginica')
plt.xlabel('Sepal length')
plt.ylabel('Sepal width')
plt.xlim(xx.min(), xx.max())
plt.ylim(yy.min(), yy.max())
plt.xticks(())
plt.yticks(())
plt.legend(loc=2)
plt.show()
```

下面对区域划分对比代码进行详细讲解。

- x_min, x_max = X[:,0].min() - .5, X[:,0].max() + .5;
- y_min, y_max = X[:,1].min() - .5, X[:,1].max() + .5;
- xx, yy = np.meshgrid(np.arange(x_min, x_max, h), np.arange(y_min, y_max, h))。

该部分获取了鸢尾花两列数据，对应着萼片长度和萼片宽度，每个点的坐标就是(x,y)。先取 X 二维数组的第一列(长度)的最小值、最大值和步长 h(设置为0.02)生成数组，再取 X 二维数组的第二列(宽度)的最小值、最大值和步长 h 生成数组，最后用 meshgrid()函数生成两个网格矩阵 xx 和 yy，如下：

```
[[ 3.8   3.82  3.84 ...,  8.36  8.38  8.4 ]
 [ 3.8   3.82  3.84 ...,  8.36  8.38  8.4 ]
```

```
 ...,
 [ 3.8   3.82  3.84 ...,  8.36  8.38  8.4  ]
 [ 3.8   3.82  3.84 ...,  8.36  8.38  8.4 ]]
[[ 1.5   1.5   1.5  ...,  1.5   1.5   1.5  ]
 [ 1.52  1.52  1.52 ...,  1.52  1.52  1.52]
 ...,
 [ 4.88  4.88  4.88 ...,  4.88  4.88  4.88]
 [ 4.9   4.9   4.9  ...,  4.9   4.9   4.9 ]]
```

- Z = lr.predict(np.c_[xx.ravel(), yy.ravel()])。

调用ravel()函数将xx和yy的两个矩阵转变成一维数组,再进行预测分析。由于两个矩阵大小相等,因此两个一维数组大小也相等。"np.c_[xx.ravel(), yy.ravel()]"所实现的功能是生成矩阵,即

```
xx.ravel()
[ 3.8   3.82  3.84 ...,  8.36  8.38  8.4 ]
yy.ravel()
[ 1.5   1.5   1.5 ...,   4.9   4.9   4.9]
np.c_[xx.ravel(), yy.ravel()]
[[ 3.8   1.5 ]
 [ 3.82  1.5 ]
 [ 3.84  1.5 ]
 ...,
 [ 8.36  4.9 ]
 [ 8.38  4.9 ]
 [ 8.4   4.9 ]]
```

总之,上述操作是把第一列萼片长度数据按h取等分作为行,并复制多行得到xx网格矩阵;再把第二列萼片宽度数据按h取等分作为列,并复制多列得到yy网格矩阵;最后将xx和yy网格矩阵都变成两个一维数组,调用np.c_[]函数组合成一个二维数组进行预测。

调用predict()函数进行预测,预测结果赋值给Z,即

```
Z = logreg.predict(np.c_[xx.ravel(), yy.ravel()])
[1 1 1 ..., 2 2 2]
size:39501
```

- Z = Z.reshape(xx.shape)。

调用reshape()函数修改形状,将其Z转换为两个特征(长度和宽度),则39 501个数据转换为171×231的矩阵。Z = Z.reshape(xx.shape)的输出如下:

```
[[1 1 1 ..., 2 2 2]
 [1 1 1 ..., 2 2 2]
```

```
[0 1 1 ..., 2 2 2]
...,
[0 0 0 ..., 2 2 2]
[0 0 0 ..., 2 2 2]
[0 0 0 ..., 2 2 2]]
```

● plt.pcolormesh(xx,yy,Z,cmap=plt.cm.Paired)。

调用 pcolormesh()函数将 xx、yy 两个网格矩阵和对应的预测结果 Z 绘制在图片上,可以发现输出为 3 个颜色区块,分别表示 3 类区域。"cmap=plt.cm.Paired"表示绘图样式选择 Paired 主题。输出的区域如图 6.8 所示。

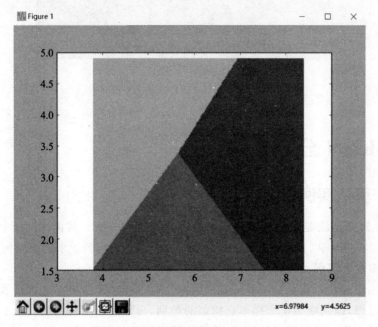

图 6.8 绘制 3 块区域

● plt.scatter(X[:50,0], X[:50,1], color='red',marker='o', label='setosa')。

调用 scatter()绘制散点图,第一个参数为第一列数据(长度),第二个参数为第二列数据(宽度),第三、四个参数分别设置点的颜色为红色,款式为圆点,最后标记为 setosa。

输出结果如图 6.9 所示,经过决策树分析后划分为 3 个区域,左上角部分为红色的圆点,对应 setosa 鸢尾花;右边部分为绿色方块,对应 virginica 鸢尾花;中间靠下部分为蓝色星形,对应 versicolor 鸢尾花。散点图为各数据点真实的花类型,划分的 3 个区域为数据点预测的花类型,预测的分类结果与训练数据的真实结果基本一致,部分鸢尾花出现交叉。

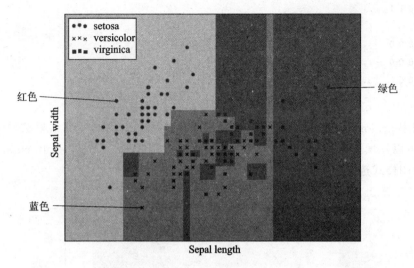

图 6.9　区域划分结果

6.3　KNN 分类算法

6.3.1　算法实例描述

KNN 分类算法是最近邻算法,也就是寻找最近邻居。其由 Cover 和 Hart 于 1968 年提出,它简单、直观、易于实现。下面通过一个经典例子来讲解如何寻找邻居以及选取多少个邻居。

如图 6.10 所示,需要判断右边这个动物是鸭子、鸡还是鹅?这就涉及 KNN 算法的核心思想,即判断与这个样本点相似的类别,再预测其所属类别。由于它走路的状态及其叫声像一只鸭子,所以右边的动物很可能是一只鸭子。

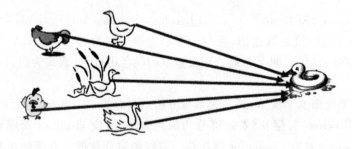

图 6.10　KNN 示例

KNN 分类算法的核心思想就是从训练样本中寻找所有训练样本 X 中与测试样本距离(常用欧氏距离)最近的前 K 个样本(作为相似度),再选择与待分类样本距离

最小的 K 个样本作为 X 的 K 个最近邻的所属类型,其中 K 个样本所属类型最多的那一类,则被当作这个测试样本的最终所属类型。

KNN 分类算法的步骤如下:

① 计算测试样本点到所有样本点的欧式距离 dist,采用勾股定理计算;

② 用户自定义设置参数 K,并选择离待测点最近的 K 个点;

③ 从这 K 个点中统计各个类型或类标的个数。

选择出现频率最高的类标号作为未知样本的类标号,反馈最终预测结果。

假设现在需要判断图 6.11 中的圆形图案是属于三角形还是属于正方形,则采用 KNN 分类算法进行分析的步骤如下:

① 当 $K=3$ 时,图 6.11 中的第一个圈包含 3 个图形,其中三角形 2 个,正方形 1 个,则该圆的分类结果为三角形。

② 当 $K=5$ 时,图 6.11 中的第二个圈中包含 5 个图形,三角形 2 个,正方形 3 个,则以 3∶2 的投票结果预测该圆为正方形。

③ 当 $K=11$ 时的原理也是一样的。

设置不同的 K 值,可能预测得到的结果也不同。所以,KNN 是一种非常简单、易于理解和实现的分类算法。

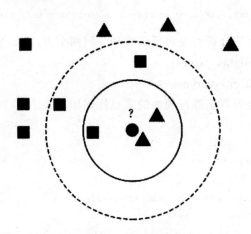

图 6.11　判断类别

最后简单讲述 KNN 分类算法的优缺点。KNN 分类算法的优点有:

① 算法思路较为简单,易于实现;

② 当有新样本加入训练集时,无需重新训练,即重新训练的代价低;

③ 计算时间和空间与训练集的规模呈线性关系。

其缺点主要表现为分类速度慢,由于每次新的待分样本都必须与所有训练集一同计算比较相似度,以便取出靠前的 K 个已分类样本,所以时间复杂度较高。整个算法的时间复杂度可以用 $O(m \times n)$ 表示,其中 m 是选出的特征项的个数,而 n 是训练集样本的个数。同时,如果 K 值确定不好,也会影响整个实验的结果,这也是

KNN 分类算法的另一个缺点。

6.3.2 KNeighborsClassifier

在 Sklearn 机器学习库中实现 KNN 分类算法的类是 neighbors.KNeighborsClassifier,其构造方法为

```
KNeighborsClassifier(algorithm = 'ball_tree',
                     leaf_size = 30,
                     metric = 'minkowski',
                     metric_params = None,
                     n_jobs = 1,
                     n_neighbors = 3,
                     p = 2,
                     weights = 'uniform')
```

其中,最重要的参数是 n_neighbors=3,设置最近邻 K 值。同时,KNeighborsClassifier 可以设置 3 种算法:brute、kd_tree 和 ball_tree。具体调用方法如下:

```
from sklearn.neighbors import KNeighborsClassifier
knn = KNeighborsClassifier(n_neighbors = 3, algorithm = "ball_tree")
```

利用 KNN 分类算法分析时也包括训练和预测两个方法,如下:

① 训练:nbrs.fit(data, target)。
② 预测:pre = clf.predict(data)。

简单调用 KNN 分类算法进行预测的实现代码如下:

test06_04.py

```
# - * - coding: utf-8 - * -
import numpy as np
from sklearn.neighbors import KNeighborsClassifier

X = np.array([[-1,-1],[-2,-2],[1,2], [1,1],[-3,-4],[3,2]])
Y = [0,0,1,1,0,1]
x = [[4,5],[-4,-3],[2,6]]
knn = KNeighborsClassifier(n_neighbors = 3, algorithm = "ball_tree")
knn.fit(X,Y)
pre = knn.predict(x)
print pre
```

定义一个二维数组用于存储 6 个点,其中,x 和 y 坐标为负数的类标定义为 0,x 和 y 坐标为正数的类标定义为 1。调用 knn.fit(X,Y)函数训练模型后,再调用 predict()函数预测[4,5]、[-4,-3]和[2,6]三个点的坐标,输出结果分别为[1, 0, 1],

其中，x 和 y 坐标为正数的划分为一类，为负数的划分为一类。

同时也可以计算 K 个最近点的下标和距离，代码和结果如下，其中，indices 表示点的下标，distances 表示距离。

```
distances, indices = knn.kneighbors(X)
print indices
print distances
```

```
>>>
[1 0 1]
[[0 1 3]
 [1 0 4]
 [2 3 5]
 [3 2 5]
 [4 1 0]
 [5 2 3]]
[[ 0.          1.41421356  2.82842712]
 [ 0.          1.41421356  2.23606798]
 [ 0.          1.          2.        ]
 [ 0.          1.          2.23606798]
 [ 0.          2.23606798  3.60555128]
 [ 0.          2.          2.23606798]]
>>>
```

下面通过一个完整的实例结合可视化技术进行讲解，以加深读者的印象。

6.3.3 用 KNN 分类算法分析红酒类型

1. 数据集

该实验数据集是由 UCI Machine Learning Repository 开源网站提供的 Most-Popular Data Sets(hits since 2007)红酒数据集，是对意大利同一地区生产的 3 种不同品种的酒进行大量分析所得出的数据。这些数据包括 3 种类型的酒，酒中共有 13 种不同的成分，共 178 行数据，如图 6.12 所示。

酒中的 13 种成分分别是 Alcohol、Malic acid、Ash、Alcalinity of ash、Magnesium、Total phenols、Flavanoids、Nonflavanoid phenols、Proanthocyanins、Color intensity、Hue、OD280/OD315 of diluted wines 和 Proline，每一种成分都可以看成是一个特征，对应一个数据。3 种类型的酒分别标记为"1""2""3"。红酒数据集的特征描述如表 6.2 所列。

图 6.12 红酒数据集

表 6.2 红酒数据集的特征描述

特 征	描 述	类 型	示 例
Alcohol	酒精	float	14.23
Malic acid	苹果酸	float	1.71
Ash	灰	float	2.43
Alcalinity of ash	火山灰	float	15.6
Magnesium	镁	int	127
Total phenols	总酚	float	2.8
Flavanoids	黄酮	float	3.06
Nonflavanoid phenols	非类黄酮酚	float	0.28
Proanthocyanins	原花青素	float	2.29
Color intensity	颜色强度	float	5.64
Hue	色调	float	1.04
OD280/OD315 of diluted wines	稀释红酒的 OD280 / OD315	float	3.92
Proline	脯氨酸	int	1 065

数据存储在 wine.txt 文件中，如图 6.13 所示。每行数据代表一个样本，共 178 行数据，每行数据包含 14 列，其中，第一列为类标属性，后面依次是 13 列特征。其中，第 1 类有 59 个样本，第 2 类有 71 个样本，第 3 类有 48 个样本。

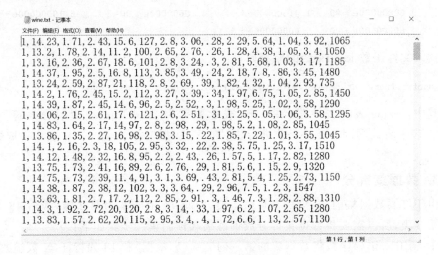

图 6.13　数据集样本

注意：前面讲述了如何读取 CSV 文件数据集或 Sklearn 机器学习库所提供的数据集，但现实分析中，很多数据集会存储在 TXT 或 DATA 文件中，它们采用一定的符号进行分隔，比如采用逗号分隔。如何获取这类文件中的数据也是非常重要的，所以接下来要教大家如何读取这类文件的数据。

2. 读取数据集

从图 6.13 中可以看出整个数据集采用逗号分隔，读取该类数据集的常用方法是调用 open() 函数，依次读取 TXT 文件中的所有内容，再按照逗号分隔符获取每行的 14 列数据存储至数组或矩阵中，从而进行数据分析。这里将介绍调用 loadtxt() 函数读取逗号分隔的数据，代码如下：

```
# -*- coding: utf-8 -*-
import os
import numpy as np
path = u"wine/wine.txt"
data = np.loadtxt(path,dtype=float,delimiter=",")
print data
```

输出结果如下：

```
[[ 1.00000000e+00    1.42300000e+01    1.71000000e+00 ...,   1.04000000e+00
   3.92000000e+00    1.06500000e+03]
 [ 1.00000000e+00    1.32000000e+01    1.78000000e+00 ...,   1.05000000e+00
   3.40000000e+00    1.05000000e+03]
 ...,
 [ 3.00000000e+00    1.31700000e+01    2.59000000e+00 ...,   6.00000000e-01
   1.62000000e+00    8.40000000e+02]
```

```
[  3.00000000e+00   1.41300000e+01   4.10000000e+00 ...,   6.10000000e-01
   1.60000000e+00   5.60000000e+02]]
```

读入文件函数 loadtxt() 的原型如下：

loadtxt(fname, dtype, delimiter, converters, usecols)

其中，fname 表示文件路径；dtype 表示数据类型；delimiter 表示分隔符；converters 表示将数据列与转换函数进行映射的字段，如{1:fun}；usecols 表示选取数据的列。

3. 数据集拆分

由于红酒数据集前 59 个样本是第 1 类，中间 71 个样本为第 2 类，最后 48 个样本是第 3 类，所以需要将数据集拆分成训练集和预测集。步骤如下：

① 调用 split() 函数将数据集的第一列类标（Y 数据）和 13 列特征（X 数组）分隔开来。该函数的参数包括 data 数据，分割位置。其中，1 表示从第一列分割；axis 为 1 表示水平分割，axis 为 0 表示垂直分割。

② 由于数据集第一列存储的类标为 1.0、2.0 或 3.0 浮点型数据，因此需要将其转换为整型。这里在 for 循环中调用 int() 函数进行转换，存储至 y 数组中，也可采用 np.astype() 函数实现。

③ 调用 np.concatenate() 函数将 0~40、60~100、140~160 行数据分割为训练集，包括 13 列特征和类标，其余 78 行数据为测试集。

具体代码如下：

```
# -*- coding: utf-8 -*-
import os
import numpy as np

path = u"wine/wine.txt"
data = np.loadtxt(path,dtype=float,delimiter=",")
print data

yy, x = np.split(data, (1,), axis=1)
print yy.shape, x.shape
y = []
for n in yy:
    y.append(int(n))

train_data = np.concatenate((x[0:40,:], x[60:100,:], x[140:160,:]), axis = 0)
                                                                      #训练集
train_target = np.concatenate((y[0:40], y[60:100], y[140:160]), axis = 0)
                                                                      #样本类别
```

```
test_data = np.concatenate((x[40:60, :], x[100:140, :], x[160:,:]), axis = 0)
                                                                   #测试集
test_target = np.concatenate((y[40:60], y[100:140], y[160:]), axis = 0)
                                                                   #样本类别

print train_data.shape, train_target.shape
print test_data.shape, test_target.shape
```

输出结果如下:

(178L, 1L)

(178L, 13L)

(100L, 1L) (100L, 13L)

(78L, 1L) (78L, 13L)

下面补充一种随机拆分的方式。调用 sklearn.cross_validation.train_test_split 类随机划分训练集与测试集,代码如下:

```
from sklearn.cross_validation import train_test_split
x, y = np.split(data, (1,), axis = 1)
x_train, x_test, y_train, y_test = train_test_split(x, y, random_state = 1, train_size = 0.7)
```

其中,x 表示所要划分的样本特征集;y 表示所要划分的样本结果;train_size 表示训练样本占比,0.7 表示将数据集划分为 70% 的训练集、30% 的测试集;random_state 是随机数的种子。该函数在部分版本的 Sklearn 机器学习库中是导入 model_selection 类,建议读者自行尝试。

4. 用 KNN 分类算法分析

上面已将 178 个样本分成 100 个训练样本和 78 个测试样本,这里采用 KNN 分类算法训练模型,再对测试集进行预测,判断测试样本所属酒的类型,同时输出测试样本计算的正确率和错误率。KNN 分类算法的核心代码如下:

```
from sklearn.neighbors import KNeighborsClassifier
clf = KNeighborsClassifier(n_neighbors = 3, algorithm = 'kd_tree')
clf.fit(train_data, train_target)
result = clf.predict(test_data)
print result
```

预测输出结果如下:

[1 1 1 2 1 1 1 1 1 1 1 1 1 1 1 1 1 1 2 2 3 2 2 2 2 2 2 2 3 2 3 2 2 2 2 2 3 3 2 2 2 2 2 2 2 3 2 3 3 3 3 2 1 2 3 3 2 2 3 2 3 2 2 2 1 2 2 2 3 1 1 1 3]

5. 完整代码

调用 Sklearn 机器学习库中的 KNeighborsClassifier 算法进行分类分析,并绘制预测的散点图和背景图,完整代码如下:

test06_05.py

```python
# -*- coding: utf-8 -*-
import os
import numpy as np
from sklearn.neighbors import KNeighborsClassifier
from sklearn import metrics
from sklearn.decomposition import PCA
import matplotlib.pyplot as plt
from matplotlib.colors import ListedColormap

#第一步  加载数据集
path = u"wine/wine.txt"
data = np.loadtxt(path,dtype=float,delimiter=",")
print data

#第二步  划分数据集
yy, x = np.split(data,(1,),axis=1)       #第一列为类标 yy,后面 13 列特征为 x
print yy.shape, x.shape
y = []
for n in yy:                             #将类标浮点型转化为整型
    y.append(int(n))
x = x[:, :2]                             #获取 x 前两列数据,方便绘图,对应 x、y 轴
train_data = np.concatenate((x[0:40,:], x[60:100,:], x[140:160,:]), axis = 0)
                                         #训练集
train_target = np.concatenate((y[0:40], y[60:100], y[140:160]), axis = 0)
                                         #样本类别
test_data = np.concatenate((x[40:60, :], x[100:140, :], x[160:,:]), axis = 0)
                                         #测试集
test_target = np.concatenate((y[40:60], y[100:140], y[160:]), axis = 0)
                                         #样本类别
print train_data.shape, train_target.shape
print test_data.shape, test_target.shape

#第三步  KNN 训练
clf = KNeighborsClassifier(n_neighbors=3,algorithm='kd_tree')  #K=3
clf.fit(train_data,train_target)
result = clf.predict(test_data)
```

```
print result

#第四步  评价算法
print sum(result == test_target)                          #预测结果与真实结果比对
print(metrics.classification_report(test_target, result))  #准确率,召回率,F值

#第五步  创建网格
x1_min, x1_max = test_data[:,0].min()-0.1, test_data[:,0].max()+0.1 #第一列
x2_min, x2_max = test_data[:,1].min()-0.1, test_data[:,1].max()+0.1 #第二列
xx, yy = np.meshgrid(np.arange(x1_min, x1_max, 0.1),
                     np.arange(x2_min, x2_max, 0.1))      #生成网格型数据
print xx.shape, yy.shape
#(53L, 36L) (53L, 36L)


z = clf.predict(np.c_[xx.ravel(), yy.ravel()])            #ravel()函数将多维
                                                          #数组阵为一维数组
print xx.ravel().shape, yy.ravel().shape                  #(1908L,) (1908L,)
print np.c_[xx.ravel(), yy.ravel()].shape                 #合并(1908L,2)

#第六步  绘图可视化
cmap_light = ListedColormap(['#FFAAAA', '#AAFFAA', '#AAAAFF']) #颜色 Map
cmap_bold = ListedColormap(['#FF0000', '#00FF00', '#0000FF'])
plt.figure()
z = z.reshape(xx.shape)
print xx.shape, yy.shape, z.shape, test_target.shape
#(53L, 36L) (53L, 36L) (53L, 36L)  (78L,)
plt.pcolormesh(xx, yy, z, cmap=cmap_light)
plt.scatter(test_data[:,0], test_data[:,1], c=test_target,
            cmap=cmap_bold, s=50)
plt.show()
```

输出结果包括预测的78行类标,共预测正确58行数据,准确率为0.76,召回率为0.74,F值为0.74,其结果不太理想,需要进一步优化算法。具体如下:

```
[1 3 1 1 1 3 1 1 1 1 1 1 1 1 1 1 1 1 2 2 2 3 2 2 3 2 2 2 2 2 3 2 2 2 2 2
 2 1 2 2 2 3 3 3 3 2 2 2 2 3 2 3 1 1 2 3 3 3 3 3 1 3 3 3 3 3 3 3 1 3 2 1 1 3
 3 3 1 3]
58
             precision    recall  f1-score   support

          1      0.68      0.89      0.77        19
          2      0.88      0.74      0.81        31
```

3	0.67	0.64	0.65	28
avg / total	0.76	0.74	0.74	78

输出图形如图 6.14 所示,可以看到整个区域划分为 3 种颜色,左下角为绿色区域,右下角为红色区域,右上部分为蓝色区域,同时包括 78 个点的分布,对应 78 行数据的类标,包括绿色、蓝色和红色的点。从图 6.14 可以发现,相同颜色的点主要集中于该颜色区域内,部分蓝色点划分至红色区域或绿色点划分至蓝色区域,则表示预测结果与实际结果不一致。

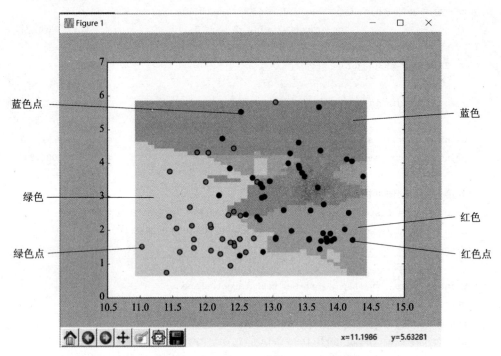

图 6.14 红酒数据集分类结果(KNN 分类算法)

综上所述,整个分析过程包括 6 个步骤,大致内容如下:

① 加载数据集。采用 loadtxt()函数加载红酒数据集,采用逗号分隔。

② 划分数据集。红酒数据集的第一列为类标,后面 13 列为 13 个特征,获取其中两列特征,并将其划分成特征数组和类标数组,调用 concatenate()函数实现。

③ KNN 训练。调用 Sklearn 机器学习库中的 KNeighborsClassifier()函数训练,设置 K 值为 3,并调用 clf.fit(train_data,train_target)训练模型,clf.predict(test_data)预测分类结果。

④ 评价算法。通过 classification_report()函数计算该分类预测结果的准确率、召回率和 F 值。

⑤ 创建网格。由于绘图中,拟将预测的类标划分为 3 个颜色区域,真实的分类

结果以散点图的形式呈现,故需要获取数据集中两列特征的最大值和最小值,并创建对应的矩阵网格,调用 NumPy 扩展库的 meshgrid() 函数实现,再对其颜色进行预测。

⑥ 绘图可视化。设置不同类标的颜色,调用 pcolormesh() 函数绘制背景区域颜色,调用 scatter() 函数绘制实际结果的散点图,形成如图 6.14 所示的结果图。

6.4 SVM 分类算法

6.4.1 SVM 分类算法的基础知识

对于 SVM 分类算法的基础知识,推荐大家阅读 CSDN 博客著名算法大神 July 的文章——《支持向量机通俗导论(理解 SVM 的三层境界)》,这篇文章由浅入深地讲解了 SVM 算法,而本小节主要讲解 SVM 的用法。

SVM 分类算法的核心思想是通过建立某种核函数,将数据在高维寻找一个满足分类要求的超平面,使训练集中的点距离分类面尽可能的远,即寻找一个分类面使其两侧的空白区域最大。如图 6.15 所示,两类样本中离分类面最近的点且平行于最优分类面的超平面上的训练样本就叫作支持向量。

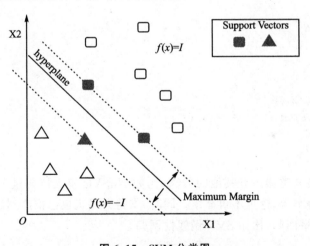

图 6.15 SVM 分类图

在 Sklearn 机器学习库中,实现 SVM 分类算法的类是 svm.SVC,即 C-Support Vector Classification,它是基于 libsvm 实现的,构造方法如下:

```
SVC(C = 1.0, cache_size = 200, class_weight = None, coef0 = 0.0,
    decision_function_shape = None, degree = 3, gamma = 'auto', kernel = 'rbf',
    max_iter = -1, probability = False, random_state = None, shrinking = True,
    tol = 0.001, verbose = False)
```

其中，C表示目标函数的惩罚系数，用来平衡分类间隔margin和错分样本，默认值为1.0；cache_size制定训练所需要的内存（以MB为单位）；gamma是核函数的系数，默认为1/n_features；kernel可以选择RBF、Linear、Poly或Sigmoid，默认为RBF；degree决定多项式的最高次幂；max_iter表示最大迭代次数，默认值为1；coef0是核函数中的独立项；class_weight表示每个类所占据的权重，不同的类设置不同的惩罚参数C，默认为自适应；decision_function_shape可以选择ovo（一对一）、ovr（多对多）或None（默认值）。

SVC分类算法主要包括两个步骤：
① 训练：nbrs.fit(data，target)。
② 预测：pre = clf.predict(data)。

下面是简单调用SVC分类算法进行预测的例子，数据集中x和y坐标为负数的类标为1，x和y坐标为正数的类标为2，同时预测点[-0.8，-1]的类标为1，点[2，1]的类标为2。

test06_06.py

```
import numpy as np
from sklearn.svm import SVC

X = np.array([[-1, -1], [-2, -2], [1, 3], [4, 6]])
y = np.array([1, 1, 2, 2])
clf = SVC()
clf.fit(X, y)
print clf.fit(X,y)
print(clf.predict([[-0.8, -1], [2,1]]))

#输出结果:[1, 2]
```

支持向量机分类器还有其他的方法，比如NuSVC核支持向量分类、LinearSVC线性向量支持分类等，这里不再介绍。同时，支持向量机也已推广到解决回归的问题上，称为支持向量回归，比如SVR做线性回归。

6.4.2 用SVM分类算法分析红酒数据

接着采用SVM分类算法对红酒数据集进行分析，并对比6.3.3小节中的实例代码，校验SVM分类算法和KNN分类算法的分析结果和可视化分析的优劣。SVM分类算法的分析步骤与KNN分类算法的分析步骤基本一致，主要包括以下6个步骤：

① 加载数据集。采用loadtxt()函数加载红酒数据集，采用逗号分隔。
② 划分数据集。将红酒数据集划分为训练集和预测集，仅提取酒类13个特征

中的两列特征进行数据分析。

③ SVM 训练。导入 Sklearn 机器学习库中的 svm.SVC() 函数进行分析,调用 fit() 函数训练模型,调用 predict(test_data) 函数预测分类结果。

④ 评价算法。通过 classification_report() 函数计算该分类预测结果的准确率、召回率和 F 值。

⑤ 创建网格。获取数据集中两列特征的最大值和最小值,并创建对应的矩阵网格,用于绘制背景图,调用 NumPy 扩展库的 meshgrid() 函数实现。

⑥ 绘图可视化。设置不同类标的颜色,调用 pcolormesh() 函数绘制背景区域颜色,调用 scatter() 函数绘制实际结果的散点图。

完整代码见 test06_07 文件。

test06_07.py

```python
# -*- coding: utf-8 -*-
import os
import numpy as np
from sklearn.svm import SVC
from sklearn import metrics
import matplotlib.pyplot as plt
from matplotlib.colors import ListedColormap


#第一步  加载数据集
path = u"wine/wine.txt"
data = np.loadtxt(path,dtype=float,delimiter=",")
print data


#第二步  划分数据集
yy, x = np.split(data, (1,), axis=1)    #第一列为类标 yy,后面 13 列特征为 x
print yy.shape, x.shape
y = []
for n in yy:                            #将类标浮点型转化为整型
    y.append(int(n))
x = x[:, :2]                            #获取 x 前两列数据,方便绘图,对应 x、y 轴
train_data = np.concatenate((x[0:40,:], x[60:100,:], x[140:160,:]), axis=0)
                                        #训练集
train_target = np.concatenate((y[0:40], y[60:100], y[140:160]), axis=0)
                                        #样本类别
test_data = np.concatenate((x[40:60, :], x[100:140, :], x[160:,:]), axis=0)
                                        #测试集
test_target = np.concatenate((y[40:60], y[100:140], y[160:]), axis=0)
                                        #样本类别
```

```
print train_data.shape, train_target.shape
print test_data.shape, test_target.shape

#第三步  SVC 训练
clf = SVC()
clf.fit(train_data,train_target)
result = clf.predict(test_data)
print result

#第四步  评价算法
print sum(result == test_target)                                        #预测结果与真实结果对比
print(metrics.classification_report(test_target, result))  #准确率,召回率,F 值

#第五步  创建网格
x1_min, x1_max = test_data[:,0].min()-0.1, test_data[:,0].max()+0.1    #第一列
x2_min, x2_max = test_data[:,1].min()-0.1, test_data[:,1].max()+0.1    #第二列
xx, yy = np.meshgrid(np.arange(x1_min, x1_max, 0.1),
                     np.arange(x2_min, x2_max, 0.1))     #生成网格型数据
z = clf.predict(np.c_[xx.ravel(), yy.ravel()])

#第六步  绘图可视化
cmap_light = ListedColormap(['#FFAAAA','#AAFFAA','#AAAAFF'])        #颜色 Map
cmap_bold = ListedColormap(['#000000','#00FF00','#FFFFFF'])
plt.figure()
z = z.reshape(xx.shape)
print xx.shape, yy.shape, z.shape, test_target.shape
plt.pcolormesh(xx, yy, z, cmap=cmap_light)
plt.scatter(test_data[:,0], test_data[:,1], c=test_target,
            cmap=cmap_bold, s=50)
plt.show()
```

上述代码提取了 178 行数据的第一列作为类标,剩余 13 列数据作为 13 个特征的数据集,并划分为训练集(100 行)和测试集(78 行)。输出结果包括 78 行 SVM 分类预测的类标结果,其中,61 行数据类标与真实的结果一致,其准确率为 0.78,召回率为 0.78,F 值为 0.78,具体如下:

```
(178L, 1L) (178L, 13L)
(100L, 2L) (100L,)
(78L, 2L) (78L,)


[1 3 1 3 1 3 3 1 1 1 1 1 1 1 1 1 1 1 2 2 2 2 2 2 2 2 2 2 2 2 2 2 2 2 2
 2 3 2 2 2 3 3 3 2 2 2 2 3 2 3 1 3 2 2 3 3 3 3 3 3 3 1 3 3 3 1 3 2 3 1 3
```

```
  3 3 3 3]
61
             precision    recall   f1-score   support

          1    0.79        0.79     0.79        19
          2    0.87        0.84     0.85        31
          3    0.69        0.71     0.70        28

avg / total    0.78        0.78     0.78        78
```

(53L, 36L) (53L, 36L) (53L, 36L) (78L,)

输出的图形如图 6.16 所示。

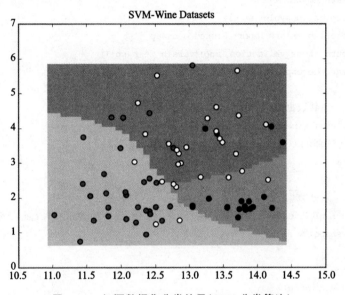

图 6.16 红酒数据集分类结果(SVM 分类算法)

6.4.3 用优化 SVM 分类算法分析红酒数据集

6.4.2 小节中用 SVM 分类算法分析红酒数据集的代码存在两个缺点: 一是采用固定的组合方式划分数据集, 即调用 np.concatenate() 函数将第 0~40、第 60~100、第 140~160 行数据分割为训练集, 其余为预测集; 二是只提取了数据集中的两列特征进行 SVM 分析和可视化绘图, 即调用"x = x[:, :2]"获取前两列特征, 而红酒数据集共有 13 列特征。

真实的数据分析中通常会随机划分数据集, 分析过程也是对所有的特征进行训练及预测操作, 再经过降维处理之后进行可视化绘图展示。下面对用 SVM 分类算法分析红酒数据集的实例进行简单的代码优化, 主要包括:

- 随机划分红酒数据集；
- 对红酒数据集的所有特征进行训练和预测分析；
- 采用 PCA 算法降维后再进行可视化绘图操作。

完整代码如下，希望读者认真学习该部分知识，以便更好地优化自己的研究或课题。

test06_08.py

```python
# -*- coding: utf-8 -*-
import os
import numpy as np
from sklearn.svm import SVC
from sklearn import metrics
import matplotlib.pyplot as plt
from matplotlib.colors import ListedColormap
from sklearn.cross_validation import train_test_split
from sklearn.decomposition import PCA


#第一步  加载数据集
path = u"wine/wine.txt"
data = np.loadtxt(path,dtype=float,delimiter=",")
print data


#第二步  划分数据集
yy, x = np.split(data,(1,),axis=1)          #第一列类标 yy,后面 13 列特征为 x
print yy.shape, x.shape
y = []
for n in yy:
    y.append(int(n))
y =  np.array(y, dtype = int)               #list 转换数组
#划分数据集,测试集为 40%
train_data, test_data, train_target, test_target = train_test_split(x, y, test_size=0.4, random_state=42)
print train_data.shape, train_target.shape
print test_data.shape, test_target.shape


#第三步  SVC 训练
clf = SVC()
clf.fit(train_data, train_target)
result = clf.predict(test_data)
print result
print test_target
```

#第四步   评价算法
```
print sum(result == test_target)                              #预测结果与真实结果比对
print(metrics.classification_report(test_target, result))#准确率,召回率,F值
```

#第五步   降维操作
```
pca = PCA(n_components = 2)
newData = pca.fit_transform(test_data)
```

#第六步   绘图可视化
```
plt.figure()
cmap_bold = ListedColormap(['#000000', '#00FF00', '#FFFFFF'])
plt.scatter(newData[:,0], newData[:,1], c = test_target, cmap = cmap_bold, s = 50)
plt.show()
```

输出结果如下所示,其准确率、召回率和F值都很低,分别仅为0.50、0.39和0.23。

```
(106L, 13L) (106L,)
(72L, 13L) (72L,)
[2 2 2 2 2 2 2 2 2 2 2 2 2 2 2 2 2 2 2 1 2 2 2 2 2 2 2 2 2 2 2 2 2 2 2 2
 2 2 2 2 2 2 2 2 2 2 2 2 2 2 2 2 2 2 2 2 2 2 2 2 2 2 2 2 2 2 2 2 2 2 2 2]
[1 1 3 1 2 1 2 3 2 3 1 3 1 2 1 2 2 2 1 2 1 2 2 3 3 3 2 2 2 1 1 2 3 1 1 1 3
 3 2 3 1 2 2 2 3 1 2 2 3 1 2 1 1 3 3 2 2 1 2 1 3 2 2 3 1 1 1 3 1 1 2 3]
28
          precision    recall   f1 - score   support

       1      1.00      0.04       0.07        26
       2      0.38      1.00       0.55        27
       3      0.00      0.00       0.00        19

avg / total   0.50      0.39       0.23        72
```

若上述代码采用如下决策树进行分析,则其准确率、召回率和F值会很高,结果如下:

```
from? sklearn.tree? import? DecisionTreeClassifier?
clf = DecisionTreeClassifier()
print(metrics.classification_report(test_target, result))

#          precision    recall   f1 - score   support
#
#       1      0.96      0.88       0.92        26
#       2      0.90      1.00       0.95        27
```

```
#                   3      1.00      0.95      0.97      19
#
# avg / total              0.95      0.94      0.94      72
```

所以并不是每种分析算法都适于所有的数据集，不同数据集的特征也不同，最佳分析算法也会不同。在进行数据分析时，通常会对比多种分析算法，再优化自己的实验和模型。

SVM算法分析后输出的图形如图6.17所示。

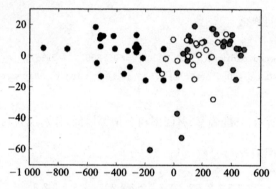

图6.17　SVM分类算法优化后的分析结果

6.5　本章小结

聚类通过定义一种距离度量方法来表示两个东西的相似程度，然后将类内相似度高且类间相似度低的数据放在一个类中。聚类是不需要标注结果的无监督学习算法。分类与之不同，分类是需要标注类标的，属于有监督学习，它表示收集某一类数据的共有特征，找出区分度大的特征，用这些特征对要分类的数据进行分类；并且由于是标注结果的，所以可以通过反复训练来优化分类算法。常见的分类算法包括朴素贝叶斯、逻辑回归、决策树、支持向量机等。常见应用有：通过分析市民历史公交卡交易数据来分类预测乘客的出行习惯和偏好；京东从海量商品图片中提取图像特征，通过分类给用户推荐商品和广告，比如"找同款"应用；基于短信文本内容的分类智能化识别垃圾短信及其变种，防止骚扰手机用户；搜索引擎通过训练用户的历史查询词和用户属性标签（如性别、年龄、爱好）构建分类算法来预测新增用户的属性及偏好等。不同的分类算法有不同的优缺点，请读者自行编写代码体会不同的分类算法的特点。

参考文献

[1] 张良均,王路,谭立云,等. Python数据分析与挖掘实战[M]. 北京:机械工业出

版社,2016.

[2] Wes McKinney. 利用 Python 进行数据分析[M]. 唐学韬,等译. 北京:机械工业出版社,2013.

[3] Han Jiawei,Kamber Micheline. 数据挖掘概念与技术[M]. 范明,孟小峰,译. 北京:机械工业出版社,2007.

[4] jackywu1010. 分类算法概述与比较[EB/OL]. (2011-12-09)[2017-11-26]. http://blog.csdn.net/jackywu1010/article/details/7055561.

[5] 百度百科. 邻近算法[EB/OL]. (2015-09-16)[2017-11-26]. https://baike.baidu.com/item/邻近算法/1151153?fr=aladdin.

[6] lsldd. 用 Python 开始机器学习(4:KNN 分类算法)[EB/OL]. (2014-11-23)[2017-11-26]. http://blog.csdn.net/lsldd/article/details/41357931.

[7] 佚名. UCI Machine Learning Repository:Wine Data Set[EB/OL]. [2017-12-08]. http://archive.ics.uci.edu/ml/datasets/Wine.

[8] 佚名. Nearest Neighbors Classification scikit-learn[EB/OL]. [2017-12-08]. http://scikit-learn.org/stable/auto_examples/neighbors/plot_classification.html#sphx-glr-auto-examples-neighbors-plot-classification-py.

[9] July 大神. 支持向量机通俗导论(理解 SVM 的三层境界)[EB/OL]. [2017-12-08]. http://blog.csdn.net/v_JULY_v/article/details/7624837.

第 7 章
Python 关联规则挖掘分析

在日常生活中,沃尔玛超市将啤酒和尿布、牛奶和面包放在一起促进销售,淘宝、京东购物推荐相关的商品,医疗机构推荐相关药物的治疗组合,这些都涉及了关联规则挖掘知识。本章主要介绍关联规则挖掘算法及实例,并介绍利用经典的 Apriori 算法推荐超市商品,同时使用 Python 代码实现 Apriori 算法。

7.1 基本概念

本节主要介绍关联规则挖掘的基础知识,包括关联规则、置信度与支持度、频繁项集等基本概念。

7.1.1 关联规则

关联规则(Association Rule)于 1993 年首先被 Agrawal、lmielinski 和 Swami 在 ACM SIGMOD 数据管理国际会议上提出,它反映了一个事物与其他事物之间的相互依存性和关联性,如果两个或多个事物之间存在一定的关联,那么,其中一个事物就能通过其他事物预测到。关联规则是数据挖掘的一个重要技术,其 Apriori 算法也是数据挖掘十大经典算法之一,它能够从海量数据中挖掘出有价值的数据项之间的关系。

沃尔玛超市啤酒与尿布的故事就是关联规则挖掘中最经典的例子,如图 7.1 所示。沃尔玛超市的销售系统记录了每天每位顾客的购物清单,其通过分析顾客放入购物篮中不同商品之间的关系可以得出顾客的购物习惯,然后发现啤酒与尿布通常会出现在同一个购物清单中。这究竟是什么原因呢?原来是美国妇女们经常会叮嘱丈夫下班后为孩子买尿布,30%~40%的丈夫同时会顺便购买自己喜爱的啤酒,所以超市就把尿布和啤酒放在一起销售,当沃尔玛超市把尿布和啤酒摆放在一起销售后,确实大大增加了其销售额。常见的示例还包括:超市牛奶与面包放在一起促销,百度

图 7.1 关联规则挖掘——啤酒与尿布案例

文库推荐相关文章,京东商城购买计算机推荐鼠标、键盘等相关商品,医疗机构推荐可能的药物治疗组合,银行推荐相关联的业务等。

7.1.2 置信度与支持度

在普及置信度和支持度基础概念之前,先来讲解什么是规则。

规则(Rule)形如"If A Then B",前者称为条件,后者称为结果。例如,一位顾客购买了尿布,那么他也会购买啤酒。度量一条规则的好坏通常使用两个变量——置信度(Confidence)和支持度(Support)。

关联规则挖掘是寻找给定数据集中各项之间的关联,它可以表示为一个蕴含表达式:

$$R: A => B$$

其中,$A \subset I, B \subset I$,并且 $A \cap B = \varnothing$,I 表示项目集合。例如:R:啤酒 => 尿布。

假设存在 4 条购物清单及每个清单的购物商品,如表 7.1 所列。

表 7.1 购物清单信息(1)

购物单号	购物项目
T0001	Item1,Item2,Item5
T0002	Item2,Item4
T0003	Item2,Item3
T0004	Item1,Item2,Item4

其中,$I = \{$ Item1,Item2,Item3,Item4,Item5 $\}$ 是 5 个不同项目的集合,集合中的元素称为项目(Item)。项目集合 I 称为项目集合(Itemset),长度为 k 的项集称为

k-项集。

设任务相关的数据 D 是数据库事务的集合,其中每个事务 T 都是项目集合,使得 $T \subseteq I$。每个事务都有一个标识符 TID,例如 T0001。设 A 是一个项集,事务 T 包含 A 当且仅当 $A \subseteq I$ 时,关联规则为 $A => B$(其中 $A \subset I, B \subset I$,并且 $A \cap B = \emptyset$)。

讲解完关联规则"$R: A => B$"之后,接下来给出支持度和置信度的概念。

1. 支持度

支持度(Support):表示交易集中同时包含 A 和 B 的交易数与所有交易数之比。

$$\text{Support}(A => B) = P(A \bigcup B) = \frac{\text{count}(A \bigcup B)}{|D|}$$

支持度是计算所在交易集中,既有 A 又有 B 发生的概率。其中,$|D|$ 表示交易数据集 D 中包含的交易个数;count($A \bigcup B$) 表示同时包含 A 和 B 的交易数。

例如,表 7.1 中的 4 条记录,既有 Item2 又有 Item4 的记录有 2 条(T0002、T0004),则此条规则的支持度为 2/4=0.5。它的含义是,当一个顾客购买商品时,他既购买商品 Item2 又购买商品 Item4 的可能是 0.5,即 Support(Item2=>Item4) = 2/4=0.5。

2. 置信度

置信度(Confidence):表示包含 A 和 B 交易数与包含 A 的交易数之比。

$$\text{Confidence}(A => B) = P(B | A) = \frac{\text{Support}(A \bigcup B)}{\text{Support}(A)}$$

置信度表示这条规则有多大程度上值得可信。设条件项的集合为 A,结果项的集合为 B。置信度是计算在 A 中同时也含有 B 的概率。

例如计算"如果 Item1 则 Item4"的置信度,由于在含有"Item1"的共 2 条交易 (T0001、T0004) 中仅有 1 条交易含有"Item4"(T0004),所以其置信度为 0.5,即, Confidence(Item1=>Item4)=1/2。

通常,支持度和置信度均较高的关联规则才是用户感兴趣的、有用的关联规则。

7.1.3 频繁项集

1. 最小支持度

最小支持度(Minimum Support)表示关联规则要求项集必须满足的最小支持阈值,记为 Supmin。

2. 频繁项集

支持度大于或等于 Supmin 的项集称为频繁项集,简称频繁集;反之,支持度小于 Supmin 的项集称为非频繁集。如果 k-项集大于或等于 Supmin,则称为 k-频繁项集。

3. 最小置信度

关联规则的最小置信度(Minimum Confidence)记为 Confmin,它表示关联规则需要满足的最低可靠性。

4. 强关联规则

假设存在规则 $R: A=>B$,如果它满足 Support($A=>B$) 大于或等于 Supmin 并且 Confidence($A=>B$) 大于或等于 Confmin,则称关联规则 $A=>B$ 为强关联规则,否则称关联规则 $A=>B$ 为弱关联规则。

在挖掘关联规则时,产生的关联规则要经过 Supmin 和 Confmin 的衡量,筛选出来的强关联规则才能用于指导商家的决策,后面的 Apriori 算法将结合实例进行讲解。

下面通过一个简单示例来加深读者的印象。假设存在如下商品购物清单(见表7.2),并且假设最小支持度 Supmin 为 50%,最小置信度 Confmin 为 50%。

表 7.2 购物清单信息(2)

购物单号	购物项目
T0001	牛奶,可乐,面包
T0002	牛奶,面包
T0003	牛奶,橙汁
T0004	可乐,啤酒,尿布

对于规则:牛奶=>面包,则

$$\text{Support}(牛奶=>面包) = \frac{2}{4} = 50\%$$

该支持度表示在 4 条购物清单中,共 2 条同时包含牛奶和面包。

$$\text{Confidence}(牛奶=>面包) = \frac{\text{Support}(\{牛奶,面包\})}{\text{Support}(\{牛奶\})} = \frac{2}{3} = 66.7\%$$

该置信度表示 2 条记录包含牛奶和面包,3 条记录包含牛奶,其计算值为 66.7%。由于规则牛奶=>面包都满足最小支持度 50% 和最小置信度 50%,则它是强关联规则。

7.2 Apriori 算法

Apriori 算法是一种挖掘关联规则的频繁项集算法,其核心思想是通过候选集生成和向下封闭检测两个阶段来挖掘频繁项集。该算法已经被广泛应用到商业、购物、医疗、银行等领域,也是最重要和经典的数据挖掘算法之一。Apriori 算法分为两个步骤:

① 通过迭代,检索出所有频繁项集,即支持度不低于用户设定的阈值的项集;

② 利用频繁项集构造出满足用户最小置信度的规则。

在 Apriori 算法中,挖掘或识别出所有频繁项集是算法的核心,占整个计算量的大部分,其中频繁 k-项集的集合通常记作 L_k。下面通过对购物篮挖掘的例子来详细讲解该算法的步骤,如下:

① 找出所有频繁项集;

② 计算频繁项集的强关联规则。

超市购物推荐分析

首先强调一个知识点,如果规则 $R:X=>Y$ 满足以下条件:

① Support$(X=>Y)\geqslant$ Supmin(用于衡量规则需要满足的最低重要性);

② Confidence$(X=>Y)\geqslant$ Confmin(表示关联规则需要满足的最低可靠性);

则称关联规则 $X=>Y$ 为强关联规则,否则称关联规则 $X=>Y$ 为弱关联规则。

现假设存在 A、B、C、D、E 五种商品的交易记录表(见表 7.3),并且最小支持度$\geqslant 50\%$,最小置信度$\geqslant 50\%$。问题:请找出所有的频繁项集。

表 7.3 Apriori 算法商品交易记录表(1)

购物单号	购物项目
T1	A、C、D
T2	B、C、E
T3	A、B、C、E
T4	B、E

第一步:计算 L1 项集

当 $k=1$ 时,计算各商品出现的次数。项集$\{A\}$在 T1、T3 中出现两次,共 4 条交易记录,则支持度$=2/4=50\%$;依次计算所有商品。其中,$\{D\}$在 T1 中出现,其支持度为 $1/4=25\%$,小于最小支持度 50%,故去除,得到 L1 项集,如表 7.4 所列。

表 7.4 计算 L1 项集

项集	支持度/%	L1 集合
$\{A\}$	50	$\{A\}$
$\{B\}$	75	$\{B\}$
$\{C\}$	75	$\{C\}$
$\{D\}$	25	小于最小支持度50%,故删除
$\{E\}$	75	$\{E\}$

结果:L1=$\{A,B,C,E\}$。

第二步:计算 L2 项集

接下来对 L1 中的项集两两组合,删除重复的组合后,再分别计算其支持度。项集

{A,B}在T3中出现1次,其支持度为1/4=25%,小于最小支持度50%,故去除;{A,C}项集在T1、T3中出现2次,其支持度为2/4=50%,保留。最终得到如表7.5所列的L2项集。

表7.5 计算L2项集

项集	支持度/%	L2集合
{A,B}	25	小于最小支持度50%,故删除
{A,C}	50	{A,C}
{A,E}	25	小于最小支持度50%,故删除
{B,C}	50	{B,C}
{B,E}	75	{B,E}
{C,E}	50	{C,E}

结果:L2={{A,C},{B,C},{B,E},{C,E}},如表7.6所列。

表7.6 生成的L2项集

项集	支持度/%
{A,C}	50
{B,C}	50
{B,E}	75
{C,E}	50

第三步:计算L3项集

同理,对L2中的项集进行组合,比如{A,C}项集和{B,C}项集的组合为{A,B,C}。组合过程如表7.7所列。

表7.7 组合L2中项集的过程

项集组合	组合结果
{A,C} + {B,C}	{A,B,C}
{A,C} + {B,E}	超过3项
{A,C} + {C,E}	{A,C,E}
{B,C} + {B,E}	{B,C,E}
{B,C} + {C,E}	{B,C,E}
{B,E} + {C,E}	{B,C,E}

然后再对表7.7所列组合的结果计算其支持度,只剩{B,C,E}的支持度为50%,即为最终L3项集,如表7.8所列。

表 7.8 计算 L3 项集

项 集	支持度/%	L3 集合
{A,B,C}	25	小于最小支持度 50%,故删除
{A,C,E}	25	小于最小支持度 50%,故删除
{B,C,E}	50	{B,C,E}

第四步:计算置信度

对于 L3 频繁项集{B,C,E},它的非空子集有{B}、{C}、{E}、{B,C}、{B,E}、{C,E},则计算其置信度方法如下,比如 B=>CE,则计算公式为

$$\text{Confidence}(B => CE) = \frac{\text{Support}(\{B,\{C,E\}\})}{\text{Support}(\{B\})} = \frac{2}{3} = 66.7\%$$

它表示同时出现{B,C,E}商品共在 2 条表单中,出现{B}商品在 3 条表单中,则购买 B 商品又要购买 CE 商品的概率为 2/3。

再如计算 CE=>B 的置信度,公式如下:

$$\text{Confidence}(CE => B) = \frac{\text{Support}(\{\{C,E\},B\})}{\text{Support}(\{C,E\})} = \frac{3}{3} = 100\%$$

计算结果如表 7.9 所列。

表 7.9 计算置信度

规 则	置信度值/%
B=>CE	66.7
C=>BE	66.7
E=>BC	66.7
CE=>B	100
BE=>C	66.7
BC=>E	100

由于最小置信度为 50%,上面所有规则的置信度都大于 50%,所以都是强关联规则。顾客购买商品 CE,再购买 B 商品的可能性很大;购买商品 BC,再购买 E 商品的可能性很大,商家可以结合分析的结果进行推荐促销。

但是,Apriori 也存在一些缺点,例如,它需要多次扫描数据,随着项目越来越多,扫描次数也越来越多,过多的扫描次数需要更高的负载,从而会降低其效率。推荐读者进一步研究先进的推荐算法,比如 Jiawei Han 等人在 2000 年提出了一种基于 FP-树的关联规则挖掘算法 FP_growth,它采取"分而治之"的策略,将提供频繁项集的数据库压缩成一棵频繁模式树(FP-树);再如学习排序(Learning to Rank)用于推荐商品及排序等。

7.3 Apriori 算法的实现

上面介绍了经典的 Apriori 算法,下面将用 Python 代码实现该算法。

数据集选取前面 7.2.2 小节分析超市购物的商品购物篮,将 A、B、C、D、E 商品改成了 1、2、3、4、5 商品,如表 7.10 所列,并且最小支持度≥50%,最小置信度≥50%。请找出所有的频繁项集。

表 7.10 Apriori 算法商品交易记录表(2)

购物单号	购物项目
T1	1、3、4
T2	2、3、5
T3	1、2、3、5
T4	2、5

参考前面的计算方法,其频繁项集计算的结果如下:
L1 项集:L1 = {1, 2, 3, 5}。
L2 项集:L2 = {{1,3}, {2,3}, {2,5}, {3,5}}。
L3 项集:L3 = {{2,3,5}}。

下面开始用 Python 实现 Apriori 算法,同时验证其结果是否正确。

1. 载入数据集

载入数据集可以有两种方法:一种是直接定义数组,另一种是通过函数返回数组来实现。代码如下:

```
#方法一
data = [[1,3,4],[2,3,5],[1,2,3,5],[2,5]]


#方法二
def GetData():
    return [[1,3,4],[2,3,5],[1,2,3,5],[2,5]]
data = GetData()
```

输出结果为:[[1, 3, 4], [2, 3, 5], [1, 2, 3, 5], [2, 5]]。

2. 构建所有候选集

接下来需要构建候选集,Item={1, 2, 3, 4, 5}共 5 个元素。代码如下:

```
#构造所有候选集
def CreateItems(data):
    Items = []
```

```
    for d in data:
        for item in d:
            if not [item] in Items:       #如果不在Items候选集中则添加
                Items.append([item])      #{1},{3},{4},{2},{5}
    print Items
    Items.sort()
    return map(frozenset, Items)

data = GetData()
C = CreateItems(data)
print C
```

代码循环遍历 data 集合中的元素,如果元素不在候选集 Items 中则添加,最后直到所有元素添加成功,即{1},{3},{4},{2},{5};另外,使用 frozenset 建立集合,为后面字典 key-value 使用。

frozenset 是冻结的集合,它是不可变的,存在哈希值,优点是它可以作为字典的 key,也可以作为其他集合的元素;缺点是一旦创建便不能更改,没有 add、remove 方法。

3. 生成最小支持度项集

调用 CreateSupportItem(Data,Items,MinSupport) 函数从候选集中生成最小支持度的项集 SupportItems,其参数为数据集 Data、候选项集{1,2,3,4,5}、最小支持度。

循环遍历,如果候选集中不存在,则 X[item] 计数赋值为 1;如果候选集中已经存在,则 X[item] 计数加 1。当支持度大于或等于最小支持度 MinSupport 时,此项集添加,最后返回 SupportItems(项集数目)和 SupportData(项集对应的支持度)。代码如下:

```
def CreateSupportItem(Data,Items,MinSupport):
    X = {}
    for d in Data:                        #对于数据集里的每一条记录
        for item in Items:                #每个候选项集 item
            if item.issubset(d):          #若候选集 item 作为子集,计数加 1
                if not X.has_key(item):
                    X[item] = 1           #不存在初始值为 1
                else:
                    X[item] += 1          #存在计数加 1

    sumItem = float(len(Data))            #总记录条目
    SupportItems = []                     #返回结果
    SupportData = {}
    for key in X:
        support = X[key]/sumItem          #支持度
        if support >= MinSupport:
            SupportItems.insert(0,key)    #超过最小支持度的项集
```

```
            SupportData[key] = support
    return SupportItems, SupportData
```

调用函数及运行结果如下，L1 频繁项集为{1, 2, 3, 5}。

```
data = GetData()
print data
Items = CreateItems(data)
print Items
D = map(set, data)

MinSupport = 0.5
L1, SupportData = CreateSupportItem(D, Items, MinSupport)
print "符合最小支持度的频繁 1 项集 L1:\n",L1
print supportData
```

符合最小支持度的频繁 1 项集 L1：

[frozenset([1]), frozenset([3]), frozenset([2]), frozenset([5])]
{frozenset([4]): 0.25, frozenset([5]): 0.75, frozenset([2]): 0.75, frozenset([3]): 0.75, frozenset([1]): 0.5}

4. 计算 k 频繁项集

调用 AprioriConf()函数计算 k 频繁项集，参数 Lk 为上一个频繁项集，参数 k 为创建的项集数。

```
#创建符合置信度的项集 Ck
def AprioriConf(Lk, k):
    retList = []
    lenLk = len(Lk)
    for i in range(lenLk):
        for j in range(i + 1, lenLk):
            L1 = list(Lk[i])[:k - 2]
            L2 = list(Lk[j])[:k - 2]
            L1.sort()
            L2.sort()
            if L1 == L2:
                retList.append(Lk[i]|Lk[j])
    return retList
```

比如频繁 1 项集为 L1={1,2,3,5}，则调用函数为 AprioriConf(L1, 0.5)，计算结果如下：

```
L2 = AprioriConf(L,2)
print "频繁 2 项集:\n", L2
```

频繁 2 项集：
[frozenset([1, 3]), frozenset([1, 2]), frozenset([1, 5]), frozenset([2, 3]), frozenset([3, 5]), frozenset([2, 5])]

5．输出所有频繁项集

代码如下，在 Apriori()函数中调用上面步骤 1～4 的子函数进行审查。代码如下：

```
#创建所有符合最小支持度的项集
def Apriori(Data, MinSupport):
    Items = CreateItems(Data)              #创建候选集
    D = map(set, Data)
    L1, SupportData = CreateSupportItem(D, Items, MinSupport)
    L = [L1]                               #L添加频繁 1 项集 {1,2,3,5}

    #由频繁 1 项集生成频繁 2 项集
    k = 2
    while (len(L[k-2]) > 0):
        Ck = AprioriConf(L[k-2], k)
        Lk, SupK = CreateSupportItem(D, Ck, MinSupport)
        #SupportData 为字典，存放每个项集的支持度，并以更新的方式加入新的 supK
        SupportData.update(SupK)
        L.append(Lk)
        k += 1

    return L, SupportData
```

运行函数输出结果如下：

```
L, Support = Apriori(data,0.5)
print "所有频繁项集 L:\n", L
print "所有频繁项集对应支持度 Support:\n", Support
```

所有频繁项集 L：
[[frozenset([1]), frozenset([3]), frozenset([2]), frozenset([5])], [frozenset([1, 3]), frozenset([2, 5]), frozenset([2, 3]), frozenset([3, 5])], [frozenset([2, 3, 5])], []]

所有频繁项集对应支持度 Support：
{
    frozenset([5]): 0.75,
    frozenset([3]): 0.75,
    frozenset([2, 3, 5]): 0.5,

```
    frozenset([1, 2]): 0.25,
    frozenset([1, 5]): 0.25,
    frozenset([3, 5]): 0.5,
    frozenset([4]): 0.25,
    frozenset([2, 3]): 0.5,
    frozenset([2, 5]): 0.75,
    frozenset([1]): 0.5,
    frozenset([1, 3]): 0.5,
    frozenset([2]): 0.75
}
```

从结果可以看出函数生成的频繁项集和前面 7.2.2 小节的结果一致，即
- L1 项集：L1 = {1, 2, 3, 5}，对应支持度{0.5, 0.75, 0.75, 0.75}。
- L2 项集：L2 = {{1,3}, {2,3}, {2,5}, {3,5}}，对应支持度{0.5, 0.5, 0.75, 0.5}。
- L3 项集：L3 = {{2,3,5}}，对应支持度{0.5}。

7.4 本章小结

关联规则作为数据挖掘的一个重要技术，其 Apriori 算法是数据挖掘经典算法之一。其优点是：可以通过关联规则挖掘来反映一个事物与其他事物之间的相互依存性和关联性，能够从海量数据中挖掘出有价值数据项之间的关系。如果两个或多个事物之间存在一定的关联，那么，很可能其中一个事物就能通过其他事物来预测得到，这就是它的意义所在。

参考文献

[1] Han Jiawei, Kamber Micheline. 数据挖掘概念与技术[M]. 范明, 孟小峰, 译. 北京：机械工业出版社, 2007.

[2] 高明. 关联规则挖掘算法的研究及其应用[D]. 济南：山东师范大学, 2006:1-3.

[3] 肖劲橙, 林子禹, 毛超. 关联规则在零售商业的应用[J]. 计算机工程. 2004, 30(3):189-190.

[4] 陈志泊, 韩慧, 王建新, 等. 数据仓库与数据挖掘[M]. 北京：清华大学出版社, 2009.

[5] 赵卫东. 商务智能[M]. 2 版. 北京：清华大学出版社, 2011.

[6] 佚名. 《机器学习实战》笔记之十一——使用 Apriori 算法进行关联分析[EB/OL]. (2015-10-12)[2017-12-25]. http://blog.csdn.net/u010454729/article/details/49078505.

第8章

Python 数据预处理及文本聚类

前面章节所介绍的实例都是针对数组或矩阵语料进行分析的,那么如何对中文文本语料进行数据分析呢?本章将带领读者走进文本聚类分析领域,讲解文本预处理和文本聚类等实例内容。

8.1 数据预处理概述

在数据分析和数据挖掘中,通常需要的步骤有前期准备、数据爬取、数据预处理、数据分析、数据可视化、评估分析等,而数据分析之前的工作几乎要花费数据工程师近一半的工作时间,其中,数据预处理将直接影响后续模型分析的好坏。

数据预处理(Data Preprocessing)是指在进行数据分析之前,对数据进行的一些初步处理,包括缺失值填写、光滑噪声处理、不一致数据修正和中文分词等,其目标是得到更标准、更高质量的数据,纠正错误异常数据,从而提升分析结果。

图8.1所示是数据预处理流程,包括中文分词(Chinese Word Segmentation)、词性标注、数据清洗(Data Cleaning)、特征提取(向量空间模型(VSM)存储)、权重计算(TF-IDF)等。

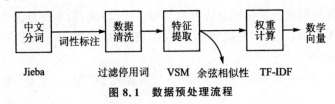

图 8.1 数据预处理流程

1. 中文分词

在得到语料之后,首先需要做的就是对中文语料进行分词。由于一个汉语句子是由一串前后连续的汉字组成的,中文词语之间是紧密联系的,词与词之间没有明显的分界标志,所以需要通过一定的分词技术把句子分割成空格连接的词序列。本章介绍了中文常用的分词技术,同时着重介绍了 Jieba 中文分词工具。

2. 词性标注

词性标注是指为分词结果中的每个单词或词组标注一个正确的词性,即确定每个词是名词、动词、形容词还是其他词性的过程。通过词性标注可以确定词在上下文中的作用。通常词性标注是自然语言处理和数据预处理的基础步骤,Python 也提供了相关库进行词性标注。

3. 数据清洗

在使用 Jieba 中文分词技术得到分完词的语料后,可能会存在脏数据和停用词等现象。为了得到更好的数据分析结果,需要对这些数据集进行数据清洗和停用词过滤等操作,这里利用 Jieba 库进行数据清洗。

4. 特征提取

特征提取是指将原始特征转换为一组具有明显物理意义或者统计意义的核心特征,所提取的这组特征可以尽可能地表示这个原始语料,提取的特征通常会存储至向量空间模型中。向量空间模型是用向量来表征一个文本的,它将中文文本转化为数值特征。本章介绍了特征提取、向量空间模型和余弦相似性的基本知识,同时结合实例进行深入讲解。

5. 权重计算

在建立向量空间模型过程中,权重的表示尤为重要,常用方法包括布尔权重、词频权重、TF-IDF 权重、熵权重等。本章讲述了常用的权重计算方法,并详细讲解了 TF-IDF 的计算方法和实例。

现在假设存在表 8.1 所列的数据集,并将其存储至本地 test.txt 文件中。该数据集共分为 9 行数据,包括 3 个主题,即贵州、大数据和爱情。接下来依次对数据预处理的各个步骤进行分析。

表 8.1 数据预处理数据集

行 数	句 子	主 题
1	贵州省位于中国的西南地区,简称"黔"或"贵"。	贵州
2	走遍神州大地,醉美多彩贵州。	贵州
3	贵阳市是贵州省的省会,有"林城"之美誉。	贵州
4	数据分析是数学与计算机科学相结合的产物。	大数据
5	回归、聚类和分类算法被广泛应用于数据分析。	大数据
6	数据爬取、数据存储和数据分析是紧密相关的过程。	大数据
7	最甜美的是爱情,最苦涩的也是爱情。	爱情
8	一只鸡蛋可以画无数次,一场爱情能吗?	爱情
9	真爱往往珍藏于最平凡、普通的生活中。	爱情

8.2 中文分词

当使用 Python 爬取中文数据集后,首先需要对数据集进行中文分词处理。由于英文中的词与词之间是采用空格关联的,按照空格可以直接划分词组,所以不需要进行分词处理;而中文汉字之间是紧密相连的,并且存在语义,词与词之间没有明显的分隔点,所以需要借助中文分词技术将语料中的句子按空格分割,变成一段段词序列。下面开始详细介绍中文分词技术及 Jiaba 中文分词工具。

8.2.1 中文分词技术

中文分词是指将汉字序列切分成一个个单独的词或词串序列,它能够在没有词边界的中文字符串中建立分隔标志,通常采用空格分隔。中文分词是数据分析预处理、数据挖掘、文本挖掘、搜索引擎、知识图谱、自然语言处理等领域中非常基础的知识点,只有经过中文分词后的语料才能转换为数学向量的形式,才能继续进行后面的分析。同时,由于中文数据集涉及语义、歧义等知识,划分难度较大,所以比英文处理复杂很多。下面举个简单示例,对句子"我是程序员"进行分词操作。

输入:我是程序员

输出 1:我\是\程\序\员

输出 2:我是\是程\程序\序员

输出 3:我\是\程序员

这里分别采用了 3 种方法来介绍中文分词。"我\是\程\序\员"采用的是一元分词法,将中文字符串分隔为单个汉字;"我是\是程\程序\序员"采用二元分词法,将中文汉字两两分隔;"我\是\程序员"是比较复杂但更实用的分词方法,它是根据中文语义来进行分词的,其分词结果更准确。

中文分词方法有很多,常见的方法包括基于字符串匹配的分词方法、基于统计的分词方法和基于语义的分词方法等。这里介绍比较经典的基于字符串匹配的分词方法。

基于字符串匹配的分词方法又称为基于字典的分词方法,它按照一定策略将待分析的中文字符串与机器词典中的词条进行匹配,若在词典中找到某个字符串,则匹配成功,并识别出对应的词语。该方法的匹配原则包括正向最大匹配法(MM)、逆向最大匹配法(RMM)、逐词遍历法、最佳匹配法(OM)、并行分词法等。

正向最大匹配法的步骤如下,假设自动分词词典中的最长词条所含汉字的个数为 n。

① 从被处理文本中选取当前中文字符串中的前 n 个中文汉字作为匹配字段,然后查找分词词典。若词典中存在这样一个 n 字词,则匹配成功,匹配字段作为一个词被切分出来;若分词词典中找不到这样的一个 n 字词,则匹配失败,匹配字段去掉

最后一个汉字,剩下的中文字符作为新的匹配字段,继续进行匹配。

② 循环步骤①进行匹配,直到匹配成功为止。

例如,现在存在一个句子"北京理工大学生前来应聘",使用正向最大匹配法进行中文分词的过程如下:

分词算法:正向最大匹配法

输入字符:北京理工大学生前来应聘

分词词典:北京、北京理工、理工、大学、大学生、生前、前来、应聘

最大长度:6

匹配过程:

(1) 选取最大长度为6的字段匹配,即"北京理工大学"匹配词典

"北京理工大学"在词典中没有匹配字段,则去除一个汉字,剩余"北京理工大"继续匹配,该词也没有匹配字段,继续去除一个汉字,即"北京理工",分词词典中存在该词,则匹配成功。

结果:匹配"北京理工"。

(2) 接着选取长度为6的字符串进行匹配,即"大学生前来应"

"大学生前来应"在词典中没有匹配字段,继续从后边去除汉字,"大学生"3个汉字在词典中匹配成功。

结果:匹配"大学生"。

(3) 剩余字符串"前来应聘"继续匹配

"前来应聘"在词典中没有匹配字段,继续从后边去除汉字,直到"前来"。

结果:匹配"前来"。

(4) 最后的字符串"应聘"进行匹配

结果:匹配"应聘"。

分词结果:北京理工 \ 大学生 \ 前来 \ 应聘。

随着中文数据分析越来越流行、应用越来越广,针对其语义特点也开发出了各种各样的中文分词工具,常见的分词工具包括 Stanford 汉语分词工具、哈工大语言云(LTP-cloud)、中国科学院汉语词法分析系统(ICTCLAS)、IKAnalyzer 分词、盘古分词、庖丁解牛分词等;同时针对 Python 语言的常见中文分词工具包括盘古分词、Yaha 分词、Jieba 分词等,它们的用法都相差不大。结合 Jieba 分词速度较快,可以导入词典如"颐和园""黄果树瀑布"等专有名词再进行中文分词的特点,本书主要利用 Jieba 分词工具来讲解中文分词。

8.2.2 Jieba 中文分词工具

1. 安装过程

推荐大家使用 pip 工具来安装 Jieba 中文分词库,安装语句如下:

```
pip install jieba
```

调用命令"pip install jieba"安装 Jieba 中文分词库，如图 8.2 所示。

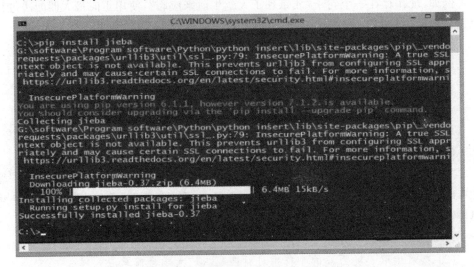

图 8.2　pip 安装 Jieba 中文分词库

安装过程中会显示安装配置相关库和文件的百分比，直到出现"Successfully installed jieba-0.37"命令，表示安装成功。如果在 cmd 安装过程中出现错误"unknown encoding：cp65001"，则输入"chcp 936"命令将编码方式由 utf-8 变为简体中文 gbk 编码再进行安装。在安装过程中可能还会遇到其他问题，请读者自行解决它们，这能够提高您独立解决问题的能力。

同时，如果使用的是 Anaconda 下 Spyder 集成环境，则调用 Anaconda Prompt 命令行模式进行安装，在图 8.3 中选择它，再在弹出的界面中输入"pip install jieba"命令进行安装。

图 8.3　选择 Anaconda Prompt

如果 Python 开发环境已经安装了该扩展库，则会提示已经存在 Jieba 中文分词库，如图 8.4 所示。

图 8.4　已经安装提示

2. 基础用法

下面是一段简单的 Jieba 分词代码。

test08_01.py

```
# encoding=utf-8
import jieba

text = "北京理工大学生前来应聘"
data = jieba.cut(text,cut_all=True)          # 全模式
print u"[全模式]: ", " ".join(data)

data = jieba.cut(text,cut_all=False)         # 精确模式
print u"[精确模式]: ", " ".join(data)

data = jieba.cut(text)                       # 默认是精确模式
print u"[默认模式]: ", " ".join(data)

data = jieba.cut_for_search(text)            # 搜索引擎模式
print u"[搜索引擎模式]: ", " ".join(data)
```

上述代码主要导入 Jieba 扩展库，然后调用其函数进行中文分词。主要函数如下：

- jieba.cut(text,cut_all=True)。

分词函数，第一个参数是需要分词的字符串，第二个参数表示是否为全模式。分词返回的结果是一个可迭代的生成器（Generator），可使用 for 循环来获取分词后的每个词语，更推荐读者转换为 list 列表再使用。

- jieba.cut_for_search(text)。

搜索引擎模式分词，参数为分词的字符串。该方法适合用于搜索引擎构造倒排索引的分词，粒度比较细。

test08_01.py 文件中的代码输出如下，包括全模式、精确模式、默认模式和搜索引擎模式输出的结果。

```
>>>
[全模式]: 北京 北京理工 北京理工大学 理工 理工大 理工大学 工大 大学 大学生 生 生前 前来 应聘
[精确模式]: 北京理工大学 生前 来 应聘
[默认模式]: 北京理工大学 生前 来 应聘
[搜索引擎模式]: 北京 理工 工大 大学 理工大 北京理工大学 生前 来 应聘
>>>
```

由上述输出结果可以看到，全模式是将句子中所有相关的词语都进行分词，而精

确模式是按照句子的顺序进行分词,分词结果尽可能地准确。

Jieba中文分词的3种分词模式具体解释如下:

(1) 全模式

该模式将语料中所有可以组合成词的词语都构建出来了,其优点是速度非常快,缺点是不能解决歧义问题,并且分词结果不太准确。其分词结果如"北京 北京理工 北京理工大学 理工 理工大 理工大学 工大 大学 大学生 学生 生前 前来 应聘"。

(2) 精确模式

该模式利用其算法将句子精确地分隔开,适合文本分析。通常采用该模式进行中文分词,同时省略jieba.cut(text)函数的cut_all参数,默认是精确模式。其分词结果如"北京理工大学 生前 来 应聘","北京理工大学"这个完整的名词被识别出来了,识别率较高。但其正确的分词结果应为"北京理工 大学生 前来 应聘"。

(3) 搜索引擎模式

该模式是在精确模式的基础上,对长词再次切分,提高召回率,适合于搜索引擎分词。其结果为"北京 理工 工大 大学 理工大 北京理工大学 生前 来 应聘"。

Python提供的Jieba中文分词工具主要利用基于Trie树结构实现高效的词图扫描(构建有向无环图DAG)、动态规划查找最大概率路径(找出基于词频的最大切分组合)、基于汉字成词能力的HMM模型等算法,这里不进行详细叙述,本书更侧重于应用案例。

同时Jieba中文分词工具支持繁体分词和自定义字典方法。

3. 中文分词实例

下面是对表8.1中的语料进行中文分词,依次读取文件中的内容,并调用Jieba中文分词库进行中文分词,然后存储至本地文件中。

test08_02.py

```
# coding = utf-8
import os
import codecs
import jieba
import jieba.analyse

source = open("test.txt", 'r')
line = source.readline().rstrip('\n')
content = []
while line! = "":
    seglist = jieba.cut(line,cut_all = False)     #精确模式
    output = ' '.join(list(seglist))              #空格拼接
    print output
    content.append(output)
```

```
        line = source.readline().rstrip('\n')
else:
        source.close()
```

输出结果如图 8.5 所示，可以看到分词后的语料。

```
>>>
Building prefix dict from the default dictionary ...
Loading model from cache c:\users\yxz15\appdata\local\temp\jieba.cache
Loading model cost 0.650 seconds.
Prefix dict has been built succesfully.
贵州省 位于 中国 的 西南地区 ， 简称 " 黔 " 或 " 贵 " 。
走遍 神州大地 ， 醉美 多彩 贵州
贵阳市 是 贵州省 的 省会 ， 有 " 林城 " 之 美誉 。
数据分析 是 数学 与 计算机科学 相结合 的 产物 。
回归 、 聚类 和 分类 算法 被 广泛 应用 于 数据分析 。
数据 爬取 、 数据 存储 和 数据分析 是 紧密 相关 的 过程 。
最 甜美 的 是 爱情 ， 最 苦涩 的 也 是 爱情 。
一只 鸡蛋 可以 画 无数次 ， 一场 爱情 能 吗 ？
真 爱 往往 珍藏 于 最 平凡 、 普通 的 生活 中 。
>>>
```

图 8.5　Jieba 中文分词工具中文分词结果

8.3　数据清洗

在分析语料的过程中，通常会存在一些脏数据或噪声词组干扰实验结果，这就需要对分词后的语料进行数据清洗。比如前面使用 Jieba 中文分词工具进行中文分词，它可能存在一些脏数据或停用词，如"我们""的""吗"等，这些词降低了数据质量。为了得到更好的分析结果，需要对数据集进行数据清洗或停用词过滤等操作。

8.3.1　概　　述

脏数据通常是指数据质量不高、不一致或不准确的数据，以及人为造成的错误数据等。这里将常见的脏数据分为以下 4 类：

● 残缺数据

该类数据是指信息存在缺失的数据，通常需要补齐数据集再写入数据库或文件中。比如统计 9 月份 30 天的销售数据，但期间某几天的数据丢失，此时就需要对数据进行补全操作。

● 重复数据

数据集中可能存在重复数据，此时需要将重复数据导出让客户确认并修正数据，从而保证数据的准确性。在清洗转换阶段，对于重复数据项尽量不要轻易做出删除决策，尤其不能将重要的或有业务意义的数据过滤掉，校验和重复确认的工作是必不可少的。

● 错误数据

该类数据常常出现在网站数据库中,是指由于业务系统不健全,在接收输入后没有进行判断或因错误操作直接写入后台数据库所造成的,比如字符串数据后紧跟一个回车符、不正确的日期格式等。这类错误可以通过去业务系统数据库用 SQL 语句挑选,然后交给业务部门修正。

● 停用词

分词后的语料并不是所有的词都与文档内容相关,往往存在一些表意能力很差的辅助性词语,比如中文词组"我们""的""可以"等,英文词汇"a""the"等。这类词在自然语言处理或数据挖掘中被称为停用词(Stop Word),它们是需要进行过滤的。通常借用停用词表或停用词字典进行过滤。

数据清洗主要是解决脏数据,从而提升数据质量。它主要应用于数据仓库、数据挖掘、数据质量管理等领域。可以简单地将数据清洗定位为:只要是有助于解决数据质量问题的处理过程就被认为是数据清洗,不同领域的数据清洗定义有所不同。总之,数据清洗的目的是保证数据质量,提供准确数据,其任务是通过过滤或者修改那些不符合要求的数据,从而更好地为后面的数据分析做铺垫。

为了解决上述问题,将数据清洗方法划分为以下几种:

● 解决残缺数据

对于空值或缺失数据,需要采用估算填充方法解决。常见的估算填充方法包括样本均值、中位数、众数、最大值、最小值等,比如选取所有数据的平均值来填充缺失数据。但是,这些方法存在一定的误差,如果空值数据较多,则会对结果造成影响,偏离实际情况。

● 解决重复数据

简单的重复数据需要人为识别,而计算机解决重复数据的方法较为复杂。其方法通常会涉及实体识别技术,采用有效的技术识别出相似的数据,这些相似数据指向同一实体,再对这些重复数据进行修正。

● 解决错误数据

对于错误数据,通常采用统计方法进行识别,如偏差分析、回归方程、正态分布等,也可以用简单的规则库检测数值范围,使用属性间的约束关系来校对这些数据。

● 解决停用词

停用词的概念是由 Hans Peter Luhn 提出的。通常存在一个存放停用词的集合,叫作停用词表,停用词往往由人工根据经验知识加入,具有通用性。解决停用词的方法即利用停用词词典或停用词表进行过滤。比如"并""当""地""啊"等字都没有具体的含义,需要过滤,还存在一些如"我们""但是""别说""而且"等词组也需要过滤。

8.3.2 中文语料清洗

前面已将 Python 爬取的中文文本语料进行了分词处理,接下来需要对其进行数据清洗操作,通常包括停用词过滤和特殊标点符号去除等;而对于空值数据、重复数据,作者建议在数据爬取过程中就进行简单的判断或缺失值补充。下面对表8.1所提供的中文语料(包括"贵州""大数据"和"行情"3个主题)进行数据清洗实例操作。

1. 停用词过滤

图8.5所示是使用Jieba中文分词工具进行中文分词后的结果,该结果存在一些出现频率高却不影响文本主题的停用词,比如"数据分析是数学与计算机科学相结合的产物"句子中的"是""与""的"等词,这些词在预处理时是要进行过滤的。

这里定义一个符合该数据集的常用停用词表的数组,然后将分词后序列的每一个字或词组都与停用词表进行对比,如果重复则删除该词语,最后保留的文本能尽可能地反映每行语料的主题。代码如下:

test08_03.py

```
# coding=utf-8
import os
import codecs
import jieba
import jieba.analyse

#停用词表
stopwords = {}.fromkeys(['的','或','等','是','有','之','与',
                        '和','也','被','吗','于','中','最'])
source = open("test.txt",'r')
line = source.readline().rstrip('\n')
content = []                              #完整文本
while line!="":
    seglist = jieba.cut(line,cut_all=False)   #精确模式
    final = []                                #存储去除停用词内容
    for seg in seglist:
        seg = seg.encode('utf-8')
        if seg not in stopwords:
            final.append(seg)
    output = ' '.join(list(final))            #空格拼接
    print output
    content.append(output)
    line = source.readline().rstrip('\n')
else:
    source.close()
```

其中,stopwords变量定义了停用词表,这里只列举了与test.txt语料相关的常

用停用词,而在真实的预处理中,通常会从文件中导入常见的停用词表,包含各式各样的停用词,读者可自行查阅相关资料。

核心代码是 for 循环,用于判断分词后的语料是否在停用词表中,如果不在则添加到新的数组 final 中,最后保留的就是过滤后的文本,如图 8.6 所示。

```
贵州省 位于 中国 西南地区 , 简称 " 黔 " " 贵 " 。
走遍 神州大地 , 醉美 多彩 贵州 。
贵阳市 贵州省 省会 , " 林城 " 美誉 。
数据分析 数学 计算机科学 相结合 产物 。
回归 、 聚类 分类 算法 广泛应用 数据分析 。
数据 爬取 、 数据 存储 数据分析 紧密 相关 过程 。
甜美 爱情 , 苦涩 爱情 。
一只 鸡蛋 可以 画 无数次 , 一场 爱情 能 ?
真 爱 往往 珍藏 平凡 、 普通 生活 。
```

图 8.6 停用词过滤后的文本

2. 去除标点符号

在做文本分析时,标点符号通常也会被算成一个特征,从而影响分析的结果,所以我们需要把标点符号也进行过滤。其过滤方法和前面过滤停用词的方法一致,建立一个标点符号的数组或放到停用词表 stopwords 中,停用词数组如下:

```
stopwords = {}.fromkeys(['的','或','等','是','有','之','与',
                         '和','也','被','吗','于','中','最',
                         '"','"','。',',','?','、',';'])
```

同时将文本内容存储至本地 result.txt 文件中,完整代码如下:

test08_04.py

```python
# coding = utf-8
import os
import codecs
import jieba
import jieba.analyse

# 停用词和标点表
stopwords = {}.fromkeys(['的','或','等','是','有','之','与',
                         '和','也','被','吗','于','中','最',
                         '"','"','。',',','?','、',';'])
source = open("test.txt", 'r')
result = codecs.open("result.txt", 'w', 'utf-8')
line = source.readline().rstrip('\n')
content = []                                        # 完整文本
while line! = "":
    # 中文分词并过滤停用词和标点
```

```
        seglist = jieba.cut(line,cut_all = False)      #精确模式
        final = []                                      #存储去除停用词后的内容
        for seg in seglist:
            seg = seg.encode('utf-8')
            if seg not in stopwords:
                final.append(seg)
        output = ' '.join(list(final))                  #空格拼接
        print output
        content.append(output)

        #存储本地 TXT 文件
        output = unicode(output, "utf-8")
        result.write(output + '\r\n')
        line = source.readline().rstrip('\n')
    else:
        source.close()
        result.close()
```

输出结果如图 8.7 所示,得到的语料非常精炼,尽可能地反映了文本主题,其中,第 1～3 行为"贵州"主题,第 4～6 行为"大数据"主题,第 7～9 行为"爱情"主题。

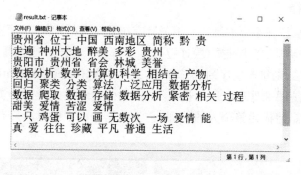

图 8.7　数据清洗结果

8.4　特征提取及向量空间模型

本节主要介绍特征提取、向量空间模型和余弦相似性的基础知识,并用表 8.1 所提供的语料进行基于向量空间模型的余弦相似度计算。

8.4.1　特征规约

经过网络爬取、中文分词、数据清洗后的语料通常称为初始特征集,而初始特征集通常都是由高维数据组成的,并且不是所有的特征都很重要。高维数据中可能包

含不相关的信息,这会降低算法的性能,甚至会造成维数灾难,影响数据分析的结果。

研究发现,减少数据的冗余维度(弱相关维度)或提取更有价值的特征能够有效地加快计算速度,提高效率,也能够确保实验结果的准确性,学术上称为特征规约。特征规约是指选择与数据分析应用相关的特征,以获取最佳性能,并且会使处理的工作量更小。特征规约包含两个任务:特征选择和特征提取。它们都是从原始特征中找出最有效的特征,并且这些特征能尽可能地表征原始数据集。

1. 特征提取

特征提取是将原始特征转换为一组具有明显物理意义或者统计意义的核心特征,所提取的这组特征可以尽可能地表示这个原始语料。特征提取分为线性特征提取和非线性特征提取,其中线性特征提取常见的方法如下:

① PCA 主成分分析方法。该方法寻找表示数据分布的最优子空间,将原始数据降维并提取不相关的部分,常用于降维,参考 5.4 节。

② LDA 线性判别分析方法。该方法寻找可分性判据最大的子空间。

③ ICA 独立成分分析方法。该方法将原始数据降维并提取出相互独立的属性,寻找一个线性变换。

非线性特征提取常见的方法包括 Kernel PCA、Kernel FDA 等。

2. 特征选择

特征选择是从特征集合中挑选一组最具有统计意义的特征,从而实现降维,通常包括产生过程、评价函数、停止准则、验证过程 4 个部分。传统方法包括信息增益(Information Gain,IG)法、随机产生序列选择算法、遗传算法(Genetic Algorithms,GA)等。

图 8.8 所示是图像处理应用中提取 Lena 图的边缘线条特征的实例,可以利用一定量的特征尽可能地描述整个人的轮廓,它与数据分析中的应用具有相同的原理。

图 8.8　图像处理应用的特征提取

8.4.2 向量空间模型

向量空间模型是通过向量的形式来表征一个文档的,它能将中文文本转化为数值特征,从而进行数据分析。作为目前最为成熟和应用最广的文本表示模型之一,向量空间模型已经广泛应用于数据分析、自然语言处理、中文信息检索、数据挖掘、文本聚类等领域,并取得了一定成果。

采用向量空间模型表示一篇文本语料时,它将一个文档(Document)或一篇网页语料(Web Dataset)转换为一系列的关键词(Key)或特征项(Term)的向量。

1. 特征项

特征项是指文档所表达的内容由它所含的基本语言单位(字、词、词组或短语)组成,在文本表示模型中,基本语言单位即称为文本的特征项。例如,文本 Doc 中包含 n 个特征项,表示为

$$\text{Doc}(t_1, t_2, t_3, \ldots, t_{n-1}, t_n)$$

2. 特征权重

特征权重(Trem Weight)是指为文档中的某个特征项 t_i ($1 \leqslant i \leqslant n$)赋予权重 w_i,以表示该特征项对于文档内容的重要程度,权重越高的特征项越能反映其在文档中的重要性。

文本 Doc 中存在 n 个特征项,即 $\{t_1, t_2, t_3, \ldots, t_{n-1}, t_n\}$,它是一个 n 维坐标,接着需要计算出各特征项 t_i 在文本 Doc 中的权重 w_i,为对应特征的坐标值。根据特征权重,文本 Doc 表示为

$$\boldsymbol{W}_{\text{Doc}} = (w_1, w_2, w_3, \ldots, w_{n-1}, w_n)$$

式中:$\boldsymbol{W}_{\text{Doc}}$ 为文本 Doc 的特征向量。

3. 文档表示

得到了特征项和特征权重后,表示一篇文档则需要利用下面的公式:

$$V(\text{Doc}) = (t_1 w_1(d), t_2 w_2(d), \cdots, t_{n-1} w_{n-1}(d), t_n w_n(d))$$

式中:文档 Doc 共包含 n 个特征词和 n 个权重;t_i 是一系列相互之间不同的特征词,$i = 1, 2, \cdots, n$;$w_i(d)$ 是特征词 t_i 在文档 d 中的权重,它通常可以被表达为 t_i 在 d 中呈现的频率。

特征权重 W 有很多种不同的计算方法,最简单的方法是以特征项在文本中出现的次数作为该特征项的权重,这将在 8.5 节详细叙述。

从图 8.9 中可以看到,将文档存储为词频向量的过程转换为$\{1,0,1,0,\cdots,1,1,0\}$形式。特征项的选取和特征权重的计算是向量空间模型的两个核心问题。为了使特征向量更能体现文本内容的含义,就要为文本选择合理的特征项,并且在给特征项赋权重时遵循对文本内容特征影响越大的特征项的权值越大的原则。

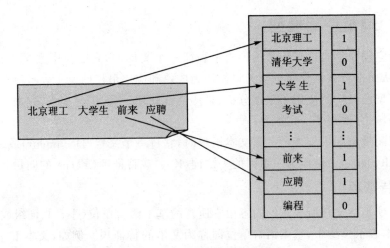

图 8.9　向量空间模型存储词频

8.4.3　余弦相似度计算

当使用上面的向量空间模型计算得到两个文档的向量时,就可以计算两个文档的相似程度了。两个文档间的相似度通过两个向量的余弦夹角来描述。文本 D_1 和 D_2 的相似度计算公式如下:

$$\operatorname{sim}(D_1, D_2) = \cos \theta = \frac{\sum_{k=1}^{n} w_k(D_1) \cdot w_k(D_2)}{\sqrt{\left[\sum_{k=1}^{n} w_k^2(D_1)\right] \cdot \left[\sum_{k=1}^{n} w_k^2(D_2)\right]}}$$

其中,分子表示两个向量的点乘积,分母表示两个向量模的乘积。通过余弦相似性计算后,得到了任意两个文档的相似程度,可以将相似程度高的文档归到同一主题,也可以设定阈值进行聚类分析。该方法的原理是将语言问题转换为数学问题来解决。图 8.10 所示是向量空间模型,其中 $\cos(q,d)$ 公式的分子 $\mathbf{V}(q) \cdot \mathbf{V}(d)$ 表示两个向量的点乘积,分母 $|\mathbf{V}(q)||\mathbf{V}(d)|$ 表示两个向量的模的乘积,其夹角 θ 越小表示两个向量越相似。

假设存在 3 个句子,需要看哪一个句子与"北京理工大学生前来应聘"相似程度最高,相似程序最高的则认为主题更为类似。那么,如何计算句子与句子的相似性呢?

句子 1:北京理工大学生前来应聘

句子 2:清华大学大学生也前来应聘

句子 3:我喜欢写代码

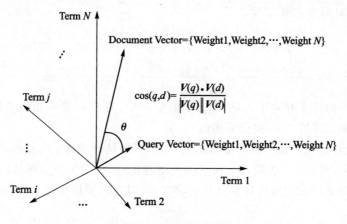

图 8.10 向量空间模型图

下面采用向量空间模型、词频及余弦相似性计算句子 2 和句子 3 分别与句子 1 的相似程度。

第一步：中文分词

句子 1：北京理工 / 大学生 / 前来 / 应聘

句子 2：清华大学 / 大学生 / 也 / 前来 / 应聘

句子 3：我 / 喜欢 / 写 / 代码

第二步：按照词语出现的先后顺序列出所有词语。

北京理工 / 大学生 / 前来 / 应聘 / 清华大学 / 也 / 我 / 喜欢 / 写 / 代码

第三步：计算词频，如表 8.2 所列。

表 8.2 词频表

句子	北京理工	大学生	前来	应聘	清华大学	也	我	喜欢	写	代码
句1	1	1	1	1	0	0	0	0	0	0
句2	0	1	1	1	1	1	0	0	0	0
句3	0	0	0	0	0	0	1	1	1	1

第四步：写出词频向量。

句子 1：[1,1,1,1,0,0,0,0,0,0]

句子 2：[0,1,1,1,1,1,0,0,0,0]

句子 3：[0,0,0,0,0,0,1,1,1,1]

第五步：计算余弦相似度。

$$\text{sim}(D_1, D_2) = \cos\theta = \frac{1\times0+1\times1+1\times1+1\times1+0\times1+0\times1}{\sqrt{(1^2+1^2+1^2+1^2)}\cdot\sqrt{(1^2+1^2+1^2+1^2+1^2)}} = \frac{3}{\sqrt{4\cdot5}} = 0.67$$

$$\text{sim}(D_1, D_3) = \cos\theta = \frac{1\times0+1\times0+1\times0+1\times0+0\times0+0\times0+0\times1+0\times1+0\times1+0\times1}{\sqrt{(1^2+1^2+1^2+1^2)}\cdot\sqrt{(1^2+1^2+1^2+1^2)}} = 0$$

结果显示句子1和句子2的相似程度为0.67，存在一定的相似主题；而句子1和句子3的相似程度为0，完全不相似。

总之，余弦相似性是一种非常有用的算法，只要是计算两个向量的相似程度就都可用。余弦值越接近1，表明两个向量的夹角越接近0°，两个向量越相似。但余弦相似性作为最简单的相似程度计算方法也存在一些缺点，如计算量太大、词之间的关联性没考虑等。

前面讲述的词频权重计算方法过于简单，下面将介绍其他权重计算方法。

8.5 权重计算

权重计算是指通过特征权重来衡量特征项在文档表示中的重要程度，给特征词赋予一定的权重来衡量统计文本特征词。常用的权重计算方法包括：布尔权重、词频方法、倒文档频率、TF-IDF、TFC、熵权重等。

8.5.1 常用权重计算方法

1. 布尔权重

布尔权重是比较简单的权重计算方法，设定的权重要么是1，要么是0。如果在文本中出现了该特征词，则文本向量对应该特征词的分量赋值为1；如果该特征词没有在文本中出现，则文本向量对应该特征词的分量赋值为0。公式如下：

$$w_{ij} = \begin{cases} 1, & \text{词频} > 0 \\ 0, & \text{词频} = 0 \end{cases}$$

式中：w_{ij} 表示特征词 t_i 在文本 D_j 中的权重。

假设特征向量为｛北京理工，大学生，前来，应聘，清华大学，也，我，喜欢，写，代码｝，现在需要计算句子"北京理工大学生前来应聘"的权重，则特征词在特征向量中存在的对应分量为1，不存在的对应分量为0，最终的特征向量结果为｛1,1,1,1,0,0,0,0,0,0｝。

但是实际应用中，布尔权重0-1值是无法体现出特征词在文本中的重要程度的，于是衍生出词频这种方法。

2. 词频方法

词频方法又称为绝对词频（Term Frequency，TF），它首先计算特征词在文档中出现的频率，再来表征文本。通常使用 tf_{ij} 表示，即特征词 t_i 在训练文本 D_j 中出现的频率。

$$\text{tf}_{ij} = 特征词在训练文本中出现的频率或次数$$

假设句子为"北京理工大学的大学生和清华大学的大学生前来应聘",对应的特征词为{北京理工,大学生,前来,应聘,清华大学,也,我,喜欢,写,代码,的,和},则对应的词频向量为{1,2,1,1,1,0,0,0,0,0,2,1}。

前面利用向量空间模型计算文本余弦相似性的例子使用的也是词频方法,这是权重计算方法中最简单、有效的方法之一。

3. 倒文档频率

由于词频方法无法体现低频特征词的区分能力,所以存在某些特征词频率很高,却在文本中影响程度很低的现象,如"我们""但是""的"等词语;同时,有的特征词虽然出现的频率很低,却表达着整个文本的核心思想,起着至关重要的作用。

倒文档频率(Inverse Document Frequency,IDF)方法是由 Spark Jones 于 1972 年提出的,是计算词与文献相关权重的经典方法。公式如下:

$$\text{idf}_{i,j} = \lg \frac{|D|}{1+|D_{t_i}|}$$

式中:$|D|$ 表示语料的文本总数;$|D_{t_i}|$ 表示文本所包含特征词 t_i 的数量。

在倒文档频率方法中,权重是随着特征词文档数量的变化呈反向变化的。如某些常用词"我们""但是""的"等,在所有文档中出现的频率都很高,但其 IDF 值却非常低。甚至如果它们在每个文档中都出现,则 lg1 的计算结果为 0,从而降低了这些常用词的作用;相反,如果某个介绍"Python"的词仅仅在该文档中出现,它的作用就非常高。

8.5.2 TF-IDF

TF-IDF 是近年来用于数据分析和信息处理的经典的权重计算技术。该技术根据特征词在文本中出现的次数和在整个语料中出现的文档频率来计算该特征词在整个语料中的重要程度,其优点是能过滤掉一些常见却无关紧要的词语,尽可能多地保留影响程度高的特征词。其中,TF 表示某个关键词在整篇文章中出现的频率或次数。IDF 表示倒文档频率,又称为逆文档频率,它是文档频率的倒数,主要用于降低所有文档中一些常见却对文档影响不大的词语的作用。TF-IDF 的完整公式如下:

$$\text{tfidf}_{i,j} = \text{tf}_{i,j} \times \text{idf}_{i,j}$$

式中:$\text{tfidf}_{i,j}$ 表示词频 $\text{tf}_{i,j}$ 和倒文档频率 idf_i 的乘积。TF-IDF 中权重与特征词在文档中出现的频率成正比,与在整个语料中出现该特征词的文档数成反比。$\text{tfidf}_{i,j}$ 的值越大,则该特征词对这个文档的重要程度就越大。

TF-IDF 技术的核心思想是:如果某个特征词在一个文档中出现的频率较高,并且在其他文档中很少出现,则认为该词或者短语具有很好的类别区分能力,适合做权重计算。TF-IDF 算法的优点是简单、快速,结果也符合实际情况;其缺点是单纯以词频衡量一个词的重要性不够全面,有时重要的词出现的次数并不多,并且该算法无法体现词的位置信息。

8.5.3 用 Sklearn 计算 TF-IDF

这里主要使用 Sklearn 中的两个类 CountVectorizer 和 TfidfTransformer 来分别计算词频和 TF-IDF 值。

1. CountVectorizer

该类是将文本词转换为词频矩阵的形式。比如"I am a teacher"文本共包含 4 个单词,其对应单词的词频均为 1,"I""am""a""teacher"分别出现一次。CountVectorizer 将生成一个矩阵 a[M][N],共 M 个文本语料,N 个单词,比如 a[i][j]表示单词 j 在 i 类文本下的词频。再调用 fit_transform()函数计算各个词语出现的次数,调用 get_feature_names()函数获取词库中所有的文本关键词。

计算 result.txt 文本的词频代码参见 test08_05.py 文件,表 8.3 所列为表 8.1 中数据集被中文分词、数据清洗后的结果。

表 8.3 被中文分词、数据清洗后的数据集

行 数	句 子	主 题
1	贵州省 位于 中国 西南地区 简称 黔 贵	贵州
2	走遍 神州大地 醉美 多彩 贵州	贵州
3	贵阳市 贵州省 省会 林城 美誉	贵州
4	数据分析 数学 计算机科学 相结合 产物	大数据
5	回归 聚类 分类 算法 广泛应用 数据分析	大数据
6	数据 爬取 数据 存储 数据分析 紧密 相关 过程	大数据
7	甜美 爱情 苦涩 爱情	爱情
8	一只 鸡蛋 可以 画 无数次 一场 爱情 能	爱情
9	真 爱 往往 珍藏 平凡 普通 生活	爱情

test08_05.py

```
# coding:utf-8
from sklearn.feature_extraction.text import CountVectorizer
#存储读取语料,一行语料为一个文档
corpus = []
for line in open('result.txt', 'r').readlines():
    corpus.append(line.strip())
#将文本中的词语转换为词频矩阵
vectorizer = CountVectorizer()
```

```
#计算每个词语出现的次数
X = vectorizer.fit_transform(corpus)
#获取词袋中所有的文本关键词
word = vectorizer.get_feature_names()
for n in range(len(word)):
    print word[n],
#查看词频结果
print X.toarray()
```

输出矩阵如图 8.11 所示。

```
>>>
一只 一场 中国 产物 位于 分类 可以 回归 多彩 存储 平凡 广泛应用 往往 数学 数据 数据分析 无数次
普通 林城 爬取 爱情 珍藏 甜美 生活 相关 相结合 省会 神州大地 简称 算法 紧密 美誉 聚类 苦涩 西南
地区 计算机科学 贵州 贵州省 贵阳市 走遍 过程 醉美 鸡蛋
[[0 0 1 0 1 0 0 0 0 0 0 0 0 0 0 0 0 0 0 0 0 0 0 0 0 0 0 0 1 0 0 0 0 0 1 0 0
  1 0 0 0 0 0]
 [0 0 0 0 0 0 0 0 1 0 0 0 0 0 0 0 0 0 0 0 0 0 0 0 0 0 0 1 0 0 0 0 0 0 0 0 1
  0 0 1 0 1 0]
 [0 0 0 0 0 0 0 0 0 0 0 0 0 0 0 0 0 0 1 0 0 0 0 0 0 0 1 0 0 0 0 1 0 0 0 0 0
  1 1 0 0 0 0]
 [0 0 0 1 0 0 0 0 0 0 0 0 0 1 0 1 0 0 0 0 0 0 0 0 0 1 0 0 0 0 0 0 0 0 0 1 0
  0 0 0 0 0 0]
 [0 0 0 0 0 1 0 1 0 0 0 1 0 0 0 1 0 0 0 0 0 0 0 0 0 0 0 0 0 1 0 0 1 0 0 0 0
  0 0 0 0 0 0]
 [0 0 0 0 0 0 0 0 0 1 0 0 0 0 2 1 0 0 0 1 0 0 0 0 1 0 0 0 0 0 1 0 0 0 0 0 0
  0 0 0 1 0 0]
 [0 0 0 0 0 0 0 0 0 0 0 0 0 0 0 0 0 0 0 0 2 0 1 0 0 0 0 0 0 0 0 0 0 1 0 0 0
  0 0 0 0 0 0]
 [1 1 0 0 0 0 1 0 0 0 0 0 0 0 0 0 1 0 0 0 1 0 0 0 0 0 0 0 0 0 0 0 0 0 0 0 0
  0 0 0 0 0 1]
 [0 0 0 0 0 0 0 0 0 0 1 0 1 0 0 0 0 1 0 0 0 1 0 1 0 0 0 0 0 0 0 0 0 0 0 0 0
  0 0 0 0 0 0]]
>>>
```

图 8.11　输出矩阵

2. Tfidf Transformer

当使用 CountVectorizer 类得到词频矩阵后，接下来通过 TfidfTransformer 类统计 vectorizer 变量中每个词语的 TF-IDF 值，test08_05. py 文件补充如下：

test08_06. py

```
# coding:utf-8
from sklearn.feature_extraction.text import CountVectorizer
from sklearn.feature_extraction.text import TfidfTransformer

#存储读取语料
corpus = []
for line in open('result.txt', 'r').readlines():
    corpus.append(line.strip())
vectorizer = CountVectorizer()                    #将文档中的词语转换为词频矩阵
X = vectorizer.fit_transform(corpus)              #计算每个词语出现的次数
word = vectorizer.get_feature_names()             #获取词袋中所有的文档关键词
```

```
for n in range(len(word)):
    print word[n],
print ''
print X.toarray()                              #查看词频结果

#计算 TF-IDF 值
transformer = TfidfTransformer()
print transformer
tfidf = transformer.fit_transform(X)           #将词频矩阵 X 统计成 TF-IDF 值
#查看数据结构,tfidf[i][j]表示 i 类文本中的 TF-IDF 权重
print tfidf.toarray()
```

运行后的部分结果如图 8.12 所示。

```
TfidfTransformer(norm=u'l2', smooth_idf=True, sublinear_tf=False,
        use_idf=True)
[[ 0.          0.          0.46061063  0.          0.46061063  0.          0.
   0.          0.          0.          0.          0.          0.          0.
   0.46061063  0.          0.          0.          0.          0.          0.
   0.46061063  0.          0.          0.38903907  0.          0.          0. ]
 [ 0.          0.          0.          0.          0.          0.          0.
   0.          0.4472136   0.          0.          0.          0.          0.
   0.4472136   0.          0.4472136   0.          0.          0.4472136   0.
   0.          0.4472136   0.          0.          ]
 [ 0.          0.          0.          0.          0.          0.          0.
   0.          0.          0.          0.          0.          0.46061063  0.46061063
   0.          0.          0.          0.          0.          0.46061063  0.
   0.          0.          0.38903907  0.46061063  0.  ]]
```

图 8.12 运行后的部分结果

  TF-IDF 值采用矩阵数组的形式存储,每一行数据代表一个文档语料,每一行的每一列都代表其中一个特征对应的权重。得到 TF-IDF 值后就可以运用各种数据分析算法进行分析了,比如聚类分析、LDA 主题分布、舆情分析等。

8.6 文本聚类

  本节将简单介绍使用 TF-IDF 值文本聚类的过程,主要包括 5 个步骤:
  第一步,对中文分词和数据清洗后的语料进行词频矩阵生成操作。主要调用 CountVectorizer 类计算词频矩阵,生成的矩阵为 X。
  第二步,调用 TfidfTransformer 类计算词频矩阵 X 的 TF-IDF 值,得到 Weight 权重矩阵。
  第三步,调用 Sklearn 机器学习库中的 KMeans 类执行聚类操作,设置的类簇数 n_clusters 为 3,对应语料"贵州"、"数据分析"和"爱情"3 个主题。然后调用 fit()函

数训练,并将预测的类标赋值给 y_pred 数组。

第四步,调用 Sklearn 机器学习库中的 PCA() 函数进行降维操作。由于 TF-IDF 是多维数组,是 9 行文本所有特征对应的权重,所以在绘图之前需要将这些特征降为二维,对应 x 轴和 y 轴。

第五步,调用 Matplotlib 函数进行可视化操作,绘制聚类图形,并设置图形参数、标题和坐标轴内容等。

具体代码如下:

test08_07.py

```
# coding:utf-8
from sklearn.feature_extraction.text import CountVectorizer
from sklearn.feature_extraction.text import TfidfTransformer

#第一步   生成词频矩阵
corpus = []
for line in open('result.txt', 'r').readlines():
    corpus.append(line.strip())
vectorizer = CountVectorizer()
X = vectorizer.fit_transform(corpus)
word = vectorizer.get_feature_names()
for n in range(len(word)):
    print word[n],
print ''
print X.toarray()

#第二步   计算 TF-IDF 值
transformer = TfidfTransformer()
print transformer
tfidf = transformer.fit_transform(X)
print tfidf.toarray()
weight = tfidf.toarray()

#第三步   KMeans 聚类
from sklearn.cluster import KMeans
clf = KMeans(n_clusters=3)
s = clf.fit(weight)
y_pred = clf.fit_predict(weight)
print clf
print clf.cluster_centers_            #类簇中心
print clf.inertia_         #距离:用来评估类簇的个数是否合适,越小说明类簇分得越好
print y_pred                          #预测类标

#第四步   降维处理
from sklearn.decomposition import PCA
pca = PCA(n_components=2)             #降成二维绘图
newData = pca.fit_transform(weight)
print newData
```

```
x = [n[0] for n in newData]
y = [n[1] for n in newData]

#第五步  可视化
import numpy as np
import matplotlib.pyplot as plt
plt.scatter(x, y, c = y_pred, s = 100, marker = 's')
plt.title("Kmeans")
plt.xlabel("x")
plt.ylabel("y")
plt.show()
```

聚类输出如图 8.13 所示。

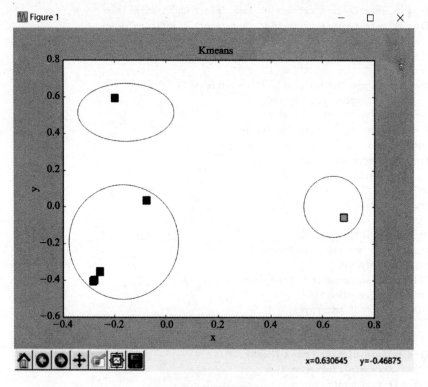

图 8.13 聚类输出结果

图 8.13 中共绘制了 6 个点,将数据聚集为 3 类,对应不同的颜色。其中对应的类标为

[2 0 2 0 0 0 1 1 0]

其中,将第 1、3 行语料聚集在一起,类标为 2;第 2、4、5、6、9 行语料聚集为一组,类标为 0;第 7、8 行语料聚集为最后一组,类标为 1。而真实数据集中,第 1、2、3 行表示"贵州"主题,第 4、5、6 行表示"数据分析"主题,第 7、8、9 行表示"爱情"主题,所以

数据分析预测结果会存在一定误差，我们需要将误差尽可能地降低，类似于深度学习，也是在不断地学习中进步。

读者可能会有疑惑，为什么9行数据却只绘制了6个点？

下面是9行数据进行降维处理生成的 x 和 y 坐标，可以看到部分数据是一样的。这是因为这9行语料所包含的词较少，出现的频率基本都是1次，在生成词频矩阵和TF-IDF后再经降维处理可能会出现相同的现象，而真实分析中语料所包含的词语较多，聚类分析更多的散点更能直观地反映分析的结果。

```
[[-0.19851936   0.594503  ]
 [-0.07537261   0.03666604]
 [-0.19851936   0.594503  ]
 [-0.2836149   -0.40631642]
 [-0.27797826 -0.39614944]
 [-0.25516435 -0.35198914]
 [ 0.68227073 -0.05394154]
 [ 0.68227073 -0.05394154]
 [-0.07537261   0.03666604]]
```

作者在研究知识图谱、实体对齐知识时，曾采用KMeans聚类算法对所爬取的"旅游景点""保护动物""人物明星""国家地理"4个主题百科数据集进行文本聚类分析，其聚类结果如图8.14所示。

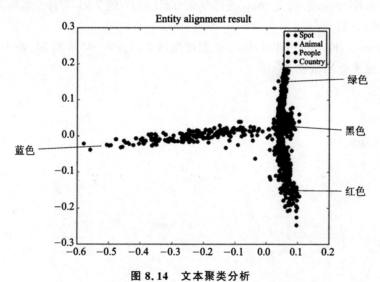

图8.14　文本聚类分析

图8.14中的红色表示"旅游景点"主题文本，绿色表示"保护动物"主题文本，蓝色表示"人物明星"主题文本，黑色表示"国家地理"主题文本，从图中可以发现这4类主题分别聚集成4个类簇。这是文本分析的一个简单示例，希望读者能根据本章的

知识点自行分析自己所研究的文本知识。

8.7 本章小结

前面章节所讲述的数据分析内容几乎都是基于数字、矩阵的,但在实际应用中有一部分数据分析会涉及文本处理分析,尤其是中文文本数据,它们该如何处理呢?当通过网络爬虫得到中文语料后,究竟能不能进行数据分析呢?答案是肯定的。但是,不同于之前的数据分析,它还需要经过中文分词、数据清洗、特征提取、权重计算等处理,将中文数据转换为数学向量的形式,这些向量就是对应的数值特征,然后才能进行相应的数据分析。本章讲解贯穿自定义的数据集,它包含"贵州""数据分析""爱情"3个主题的语料,并采用KMeans聚类算法进行实例讲解。希望读者认真学习,掌握中文语料分析的方法,能够将自己的中文数据集转换成向量矩阵,再进行相关的研究与分析。

参考文献

[1] 张良均,王路,谭立云,等. Python 数据分析与挖掘实战[M]. 北京:机械工业出版社,2016.

[2] Wes McKinney. 利用 Python 进行数据分析[M]. 唐学韬,等译. 北京:机械工业出版社,2013.

[3] Han Jiawei,Kamber Micheline. 数据挖掘概念与技术[M]. 范明,孟小峰,译. 北京:机械工业出版社,2007.

第 9 章
Python 词云热点与主题分布分析

近年来,词云热点技术和文档主题分布分析被广泛用于数据分析中,通过词云热点技术形成类似云的彩色图片来聚集关键词,从视觉上呈现文档的热点关键词;通过文档主题分布识别文档库或知识语料中潜藏的主题信息,计算文档作者感兴趣的文档主题和每个文档所涵盖的主题比例。本章主要介绍 WordCloud 技术的词云热点分布和 LDA,并结合真实的数据集进行讲解。

9.1 词 云

词云又叫文字云,是对文本数据中出现频率较高的关键词在视觉上的突出呈现,出现频率越高的词显示得越大或越鲜艳,从而将关键词渲染成类似云一样的彩色图片,感知文本数据的主题及核心思想。

个性化词云既是研究分析内容的一种表现方式,又是广告传媒的一种"艺术品"。在 Python 中,通过安装 WordCloud 词云扩展库就可以形成快速便捷的词云图片。词云可以使关键词可视化展现,更加直观、艺术。

图 9.1 所示是关于文学文章的词云分析结果。首先对一些文章进行词频统计,然后绘制对应的图形,其中"文学""小说""中国""历史"等字体显示较大,表示这类文章的出现频率较高;而"金融""绘画""悬疑"字体较小,表示它们出现的频率较低。图 9.2 所示是对某些编程技术文章的词云分析结果,从图中可以看出这些技术文章的热点话题有"图形学"

图 9.1 文学词云图

"算法""计算机""编译器"等,热点技术有 Android、Python、ReactOS、SQL 等,同时该图呈现了一定的形状。

前面讲述了词云的效果图,由于其炫酷的效果,很多广告公司、传媒海报都利用该技术进行宣传。图 9.3 所示是词云分析的算法流程,包括读取文件、中文分词、词云库导入、词云热点分析和可视化分析。

图 9.2 编程技术的词云图

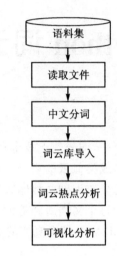

图 9.3 词云分析的算法流程

9.2 WordCloud 的安装及基本用法

9.2.1 WordCloud 的安装

安装 WordCloud 词云扩展库时主要是利用前文常见的 pip 工具库,同时 Python 处理中文语料时需要调用 Jieba 分词库进行中文分词处理,所以还需要安装 Jieba 扩展库,代码如下:

```
pip install WordCloud
pip install jieba
```

pip 工具库的详细用法请参考《爬取篇》一书中的 4.1.2 小节,WordCloud 和 Jieba 的安装过程分别如图 9.4 和图 9.5 所示。

注意: 在安装 WordCloud 的过程中,可能会遇到这样一个错误——"error: Microsoft Visual C++ 9.0 is required. Get it from http://asa.ms/vcpython27",这时需要下载 VCForPython27 可执行文件并进行安装(微软官网上有相关软件(Microsoft Visual C++ Compiler for Python 2.7)可下载)。

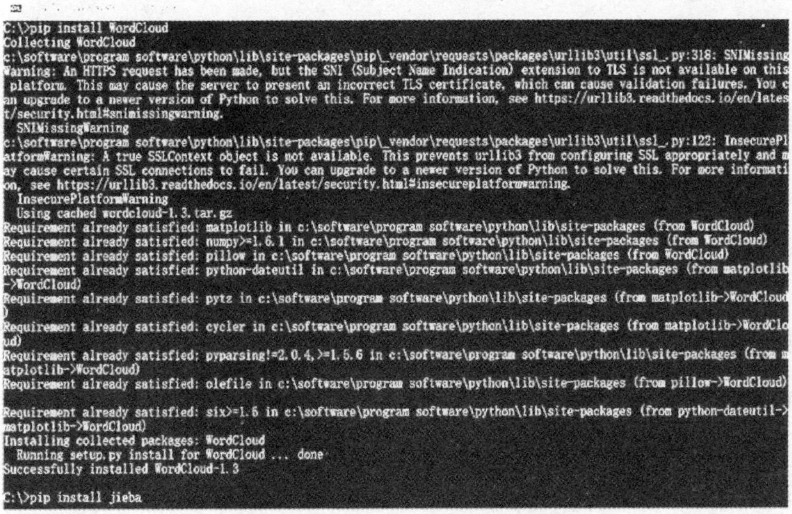

第 9 章　Python 词云热点与主题分布分析

图 9.4　WordCloud 的安装过程

图 9.5　Jieba 的安装过程

在 Python 的开发过程中可能会遇到各种各样的问题,希望读者能养成独立解决问题的习惯,这是一种非常宝贵的能力。

9.2.2　WordCloud 的基本用法

1. 快速入门

假设存在中文语料(见 test09_01.txt),这是第 8 章讲解数据预处理时的自定义语料,内容如下:

test09_01.txt

贵州省　位于　中国　西南地区　简称　黔　贵

走遍 神州大地 醉美 多彩 贵州
贵阳市 贵州省 省会 林城 美誉
数据分析 数学 计算机科学 相结合 产物
回归 聚类 分类 算法 广泛应用 数据分析
数据 爬取 数据 存储 数据分析 紧密 相关 过程
甜美 爱情 苦涩 爱情
一只 鸡蛋 可以 画 无数次 一场 爱情 能
真 爱 往往 珍藏 平凡 普通 生活

接下来执行test09_01.py文件,它将调用WordCloud扩展库绘制test09_01.txt中文语料对应的词云,完整代码如下:

test09_01.py

```
# -*- coding: utf-8 -*-
import jieba
import sys
import matplotlib.pyplot as plt
from wordcloud import WordCloud
text = open('test24_01.txt').read()
print type(text)
wordlist = jieba.cut(text, cut_all = True)
wl_space_split = " ".join(wordlist)
print wl_space_split
my_wordcloud = WordCloud().generate(wl_space_split)
plt.imshow(my_wordcloud)
plt.axis("off")
plt.show()
```

输出结果如图9.6所示,其中出现比较频繁的词语"贵州省""数据""爱情"显示较大。

图9.6 语料生成词云图

代码详解如下：

（1）导入 Python 扩展库

调用 import 和 from import 导入相关的函数库，调用 WordCloud 词云扩展库进行 Python 的词云分析，调用 Jieba 扩展库进行分词，调用 matplotlib 扩展库绘制图形。代码如下：

```
import jieba
import sys
import matplotlib.pyplot as plt
from wordcloud import WordCloud
```

（2）调用 Jieba 中文分词工具进行分词处理

调用 open()函数读取爬取的语料"test09_01.txt"文件，再调用 Jieba 扩展库进行分词处理。核心代码如下：

```
text = open('test.txt').read()
wordlist = jieba.cut(text, cut_all = True)
wl_space_split = " ".join(wordlist)
print wl_space_split
```

其中，Jieba 中文分词调用函数 jieba.cut(text, cut_all = True)，"cut_all = True"表示设置为全模型。Jieba 中文分词支持 3 种分词模式——全模式、精确模式和搜索引擎模式，示例代码如下：

```
#encoding=utf-8
import jieba

#全模式
text = "我来到北京清华大学"
seg_list = jieba.cut(text, cut_all=True)
print u"[全模式]: ", "/ ".join(seg_list)
#[全模式]: 我 / 来到 / 北京 / 清华 / 清华大学 / 华大 /大学

#精确模式
seg_list = jieba.cut(text, cut_all=False)
print u"[精确模式]: ", "/ ".join(seg_list)
#[精确模式]: 我 / 来到 / 北京 / 清华大学

#默认是精确模式
seg_list = jieba.cut(text)
print u"[默认模式]: ", "/ ".join(seg_list)
#[默认模式]: 我 / 来到 / 北京 / 清华大学
```

```
# 搜索引擎模式
seg_list = jieba.cut_for_search(text)
print u"[搜索引擎模式]: ","/ ".join(seg_list)
#[搜索引擎模式]: 我 / 来到 / 北京 / 清华 / 华大 / 大学 / 清华大学
```

"wl_space_split = " ".join(wordlist)"表示将中文分词的词序列按照空格连接,并生成分词后的字符串,赋值给 wl_space_split 变量。

(3) 调用 WordCloud() 函数生成词云热点词频

WordCloud() 函数的核心参数包括背景颜色、背景图片、最大实现词数、字体最大值、颜色种类数。借用 Python 强大的扩展库对该语料进行词云分析,示例代码如下:

```
# 读取 mask/color 图片
d = path.dirname(__file__)
nana_coloring = imread(path.join(d, "1.jpg"))
# 对分词后的文本生成词云
my_wordcloud = WordCloud( background_color = 'white', # 设置背景颜色
                         mask = nana_coloring,        # 设置背景图片
                         max_words = 2000,            # 设置最大实现的字数
                         stopwords = STOPWORDS,       # 设置停用词
                         max_font_size = 200,         # 设置字体最大值
                         random_state = 30,           # 设置有多少种随机生成状态,
                                                      # 即有多少种配色方案

# generate word cloud
my_wordcloud.generate(wl_space_split)
```

test09_01.py 文件中的代码主要使用了 WordCloud() 函数,并省略了参数,如下:

```
my_wordcloud = WordCloud().generate(wl_space_split)
```

(4) 调用 imshow 扩展库进行可视化分析

接下来调用 plt.imshow(my_wordcloud) 代码显示语料的词云,词频变量为 my_wordcloud; plt.axis("off") 表示是否显示 x 轴、y 轴下标,最后通过 plt.show() 展示词云。

```
plt.imshow(my_wordcloud)
plt.axis("off")
plt.show()
```

总之,词云分析可以广泛应用于词频分析,可以直观地给出文章的主题词等内容。

2. 中文编码问题

如果语料是中文,则在词云分析中可能出现中文乱码的情况,如图9.7所示,在绘制的词云中,其中文关键词均错误地显示为方框,而英文字母组成的关键词能够显示。解决方法是:在 WordCloud 安装的目录下找到 wordcloud.py 文件(见图9.8),对该文件中的源码进行修改。

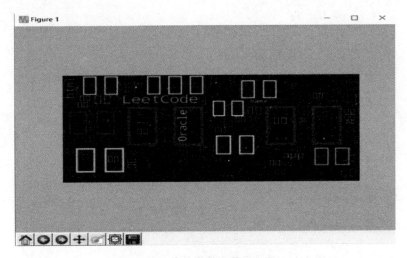

图 9.7 中文乱码错误

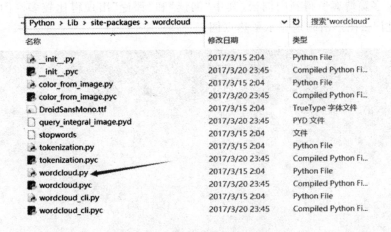

图 9.8 找到 wordcloud.py 文件

从 wordcloud.py 文件中找到 FONT_PATH,将 DroidSansMono.ttf 修改成 msyh.ttf(见图9.9),其中,msyh.ttf 表示微软雅黑中文字体。

注意:此时运行代码还是报错,因为需要在同一个目录下放置 msyh.ttf 字体文件供程序调用,而这里还是原来的字体文件 DroidSansMono.ttf,如图9.10所示。

在同一目录下放置完 msyh.ttf 字体文件后的运行结果如图9.11所示,这是分

```
28
29  FONT_PATH    os.environ.get("FONT_PATH", os.path.join(os.path.dirname(__file__),
30                                                        "msyh.ttf")
31  STOPWORDS    set([x.strip() for x in open(
32               os.path.join(os.path.dirname(__file__), 'stopwords')).read().split('\n')])
33
```

图 9.9　修改为 msyh.ttf 字体

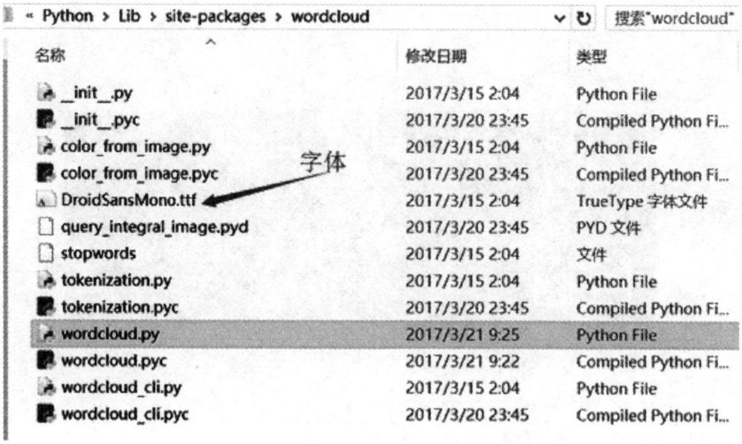

图 9.10　本地字体文件还是 DroidSansMono.ttf

析 CSDN 多篇博客所得到的词云,其中"阅读"和"评论"出现得比较多。图 9.11 所示为通过词云图形清晰地显示了热点词汇。

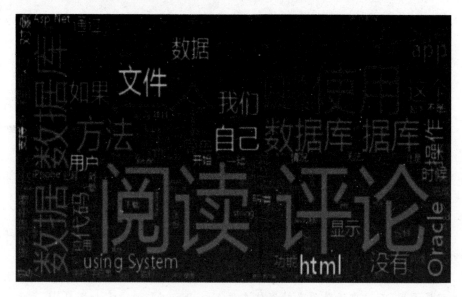

图 9.11　词云正确显示

另外,也可以通过在 PY 文件中增加一行代码来解决中文乱码的错误,代码如下:

wordcloud = WordCloud(font_path = 'MSYH.TTF').fit_words(word)

3. 词云形状化

图 9.12 所示为关于 R 语言描述语料形成的词云,其整个形状也是呈 R 形状的,同时"统计""数据分析""大数据"是相关词汇。那么,怎么形成这种词云呢? 调用 Python 扩展库 scipy.misc 的 imread()函数即可实现。图 9.13 所示是作者的部分聊天记录的词云图,完整代码如下:

图 9.12 R 语言描述语料形成的词云

test09_02.py

```
# -*- coding: utf-8 -*-
from os import path
from scipy.misc import imread
import jieba
import sys
import matplotlib.pyplot as plt
from wordcloud import WordCloud, STOPWORDS, ImageColorGenerator

# 打开本地 TXT 文件
text = open('weixin.txt').read()

# Jieba 分词,cut_all = True,设置为全模式
wordlist = jieba.cut(text)        #cut_all = True

# 使用空格连接,进行中文分词
wl_space_split = " ".join(wordlist)
print wl_space_split

# 读取 mask/color 图片
d = path.dirname(__file__)
```

```python
nana_coloring = imread(path.join(d, "sss3.png"))

# 对分词后的文本生成词云
my_wordcloud = WordCloud( background_color = 'white',
                         mask = nana_coloring,
                         max_words = 2000,
                         stopwords = STOPWORDS,
                         max_font_size = 50,
                         random_state = 30,
                         )

# generate word cloud
my_wordcloud.generate(wl_space_split)

# create coloring from image
image_colors = ImageColorGenerator(nana_coloring)

# recolor wordcloud and show
my_wordcloud.recolor(color_func = image_colors)

plt.imshow(my_wordcloud)            #显示词云图
plt.axis("off")                     #是否显示 x 轴、y 轴下标
plt.show()

# save img
my_wordcloud.to_file(path.join(d, "cloudimg.png"))
```

输出的词云如图 9.13 所示,右边的词云图是根据左边的图形形状生成的,其中"宝宝""我们""哈哈哈"等关键词比较突出。

图 9.13　词云形状化

9.3 LDA

LDA(Latent Dirichlet Allocation)是一种文档主题生成模型,又称为盘子表示法(Plate Notation),包含词、主题和文档3层结构。

它是一种无监督学习技术,将一个文档的每个词都以一定概率分布在某个主题上,并从这个主题中选择某个词语。文档到主题的过程是服从多项分布的,主题到词也是服从多项分布的。图9.14所示是模型的标识图,其中,双圆圈表示可测变量,单圆圈表示潜在变量,箭头表示两个变量之间的依赖关系,矩形框表示重复抽样,对应的重复次数在矩形框的右下角显示。LDA的具体实现步骤如下:

① 从每个网页 D 对应的多项分布 θ 中抽取每个词对应的一个主题 Z;
② 从主题 Z 对应的多项分布 φ 中抽取一个词 W;
③ 重复步骤①和②,共计 N_d 次,直至遍历网页中的每一个词。

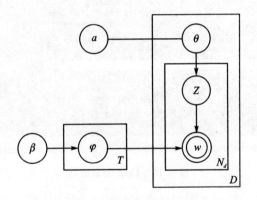

图 9.14 LDA 的标识图

现在假设存在一个数据集 DS,数据集中的每篇语料记为 D,整个数据集共 T 个主题,数据集的特征词表称为词汇表,所包含的单词总数记为 V。LDA 对其描述的内容是:数据集 DS 中每篇语料 D 都与这 T 个主题的多项分布相对应,记为多项分布 θ;每个主题都与词汇表中 V 个单词的多项分布相对应,记为多项分布 φ。其中,θ 和 φ 分别存在一个带超参数的 α 和 β 的狄利克雷先验分布。

9.3.1 LDA 的安装过程

读者可以从 gensim 中下载 ldamodel 扩展库进行安装,也可以使用 Sklearn 机器学习库的 LDA 子扩展库,还可以从 github 中下载开源的 LDA 工具。下载地址详见表 9.1。

表 9.1　下载 LDA 的地址

来　源	下载地址
gensim	https://radimrehurek.com/gensim/models/ldamodel.html
Sklearn	利用"pip install sklearn"命令安装扩展库,LatentDirichletAllocation 函数即为 LDA 原型
github	https://github.com/ariddell/lda

作者是利用"pip install lda"命令来安装官方 LDA 的,安装成功后显示"Successfully installed lda-1.0.3 pbr-1.8.1",如图 9.15 所示。

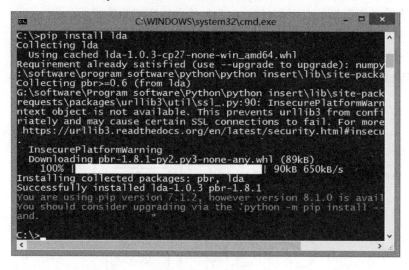

图 9.15　LDA 安装成功

作者推荐使用"pip install lda"命令安装的官方 LDA 扩展库,该方法简洁、方便,更值得大家学习和使用。

9.3.2　LDA 的基本用法及实例

Python 的 LDA 主题模型分布可以进行多种操作,常见的操作包括:输出每个数据集的高频词 Top-N;输出文档中每个词对应的权重及文档所属的主题;输出文档与主题的分布概率,文本一行表示一个文档,概率表示文档属于该类主题的概率;输出特征词与主题的分布概率,这是一个 $K \times M$ 的矩阵,K 为设置分类的个数,M 为所有文档词的总数。下面结合实例开始学习 LDA 的用法。这里使用的数据集如表 9.2 所列,共 9 行语料,涉及"贵州""大数据""爱情"3 个主题。

注意:表 9.2 的内容与表 8.3 的一致,为方便起见,此处再列一次。

表 9.2 数据集学习 LDA 的用法

行 数	句 子	主 题
1	贵州省 位于 中国 西南地区 简称 黔 贵	贵州
2	走遍 神州大地 醉美 多彩 贵州	贵州
3	贵阳市 贵州省 省会 林城 美誉	贵州
4	数据分析 数学 计算机科学 相结合 产物	大数据
5	回归 聚类 分类 算法 广泛应用 数据分析	大数据
6	数据 爬取 数据 存储 数据分析 紧密 相关 过程	大数据
7	甜美 爱情 苦涩 爱情	爱情
8	一只 鸡蛋 可以 画 无数次 一场 爱情 能	爱情
9	真爱 往往 珍藏 平凡 普通 生活	爱情

1. 初始化操作

(1) 生成词频矩阵

读取语料 test09_01.txt 文件,载入数据并将文本中的词语转换为词频矩阵。调用 sklearn.feature_extraction.text 中的 CountVectorizer 类实现,代码如下:

test09_03.py

```
# coding:utf-8
from sklearn.feature_extraction.text import CountVectorizer
from sklearn.feature_extraction.text import TfidfTransformer

#读取语料
corpus = []
for line in open('test09_01.txt', 'r').readlines():
    corpus.append(line.strip())
#将文本中的词语转换为词频矩阵
vectorizer = CountVectorizer()
X = vectorizer.fit_transform(corpus)         #计算每个词语出现的次数
word = vectorizer.get_feature_names()        #获取词袋中所有的文本关键词
print u'特征个数:', len(word)
for n in range(len(word)):
    print word[n],
print ''
print X.toarray()                            #查看词频结果
```

其中,输出的 X 为词频矩阵,共 9 行数据,43 个特征或单词,即 9×43,它主要用于计算每行文档词语出现的词频或次数。输出如图 9.16 所示,其中,第 0 行矩阵表示第一行语料"贵州省 位于 中国 西南地区 简称 黔 贵"出现的频率。同时调用

205

vectorizer.get_feature_names() 函数计算所有的特征或词语。

```
>>>
特征个数: 43
一只 一场 中国 产物 位于 分类 可以 回归 多彩 存储 平凡 广泛应用 往往 数学 数据 数据分析 无数次
普通 林城 爬取 爱情 珍藏 甜美 生活 相关 相结合 省会 神州大地 简称 算法 紧密 美誉 聚类 苦涩 西南
地区 计算机科学 贵州 贵州省 贵阳市 走遍 过程 醉美 鸡蛋
[[0 0 1 0 1 0 0 0 0 0 0 0 0 0 0 0 0 0 0 0 0 0 0 0 0 0 0 0 1 0 0 0 0 0 1 0 0
  1 0 0 0 0 0]
 [0 0 0 0 0 0 0 0 1 0 0 0 0 0 0 0 0 0 0 0 0 0 0 0 0 0 0 1 0 0 0 0 0 0 0 0 1
  0 0 1 0 1 0]
 [0 0 0 0 0 0 0 0 0 0 0 0 0 0 0 0 0 0 1 0 0 0 0 0 0 0 1 0 0 0 0 1 0 0 0 0 0
  1 1 0 0 0 0]
 [0 0 0 1 0 0 0 0 0 0 0 0 0 1 0 1 0 0 0 0 0 0 0 0 0 1 0 0 0 0 0 0 0 0 0 1 0
  0 0 0 0 0 0]
 [0 0 0 0 0 1 0 1 0 0 0 1 0 0 0 1 0 0 0 0 0 0 0 0 0 0 0 0 0 1 0 0 1 0 0 0 0
  0 0 0 0 0 0]
 [0 0 0 0 0 0 0 0 0 1 0 0 0 0 2 1 0 0 0 1 0 0 0 0 1 0 0 0 0 0 1 0 0 0 0 0 0
  0 0 0 1 0 0]
 [0 0 0 0 0 0 0 0 0 0 0 0 0 0 0 0 0 0 0 0 2 0 1 0 0 0 0 0 0 0 0 0 0 1 0 0 0
  0 0 0 0 0 0]
 [1 1 0 0 0 0 1 0 0 0 0 0 0 0 0 0 1 0 0 0 1 0 0 0 0 0 0 0 0 0 0 0 0 0 0 0 0
  0 0 0 0 0 1]
 [0 0 0 0 0 0 0 0 0 0 1 0 1 0 0 0 0 1 0 0 0 1 0 1 0 0 0 0 0 0 0 0 0 0 0 0 0
  0 0 0 0 0 0]]
>>>
```

图 9.16 输出词频矩阵

(2) 计算 TF-IDF 值

调用 TfidfTransformer 类计算词频矩阵对应的 TF-IDF 值，它是一种用于数据分析的经典权重，其值能过滤出现频率高且不影响文档主题的词语，尽可能地用文档主题词汇表示这个文档的主题。代码如下：

test09_04.py

```
# coding:utf-8
from sklearn.feature_extraction.text import CountVectorizer
from sklearn.feature_extraction.text import TfidfTransformer

#读取语料
corpus = []
for line in open('test09_01.txt', 'r').readlines():
    corpus.append(line.strip())
#将文本中的词语转换为词频矩阵
vectorizer = CountVectorizer()
X = vectorizer.fit_transform(corpus)          #计算每个词语出现的次数
word = vectorizer.get_feature_names()         #获取词袋中所有的文本关键词
print u'特征个数:', len(word)
for n in range(len(word)):
    print word[n],
print ''
print X.toarray()                             #查看词频结果
```

```
#计算 TF-IDF 值
transformer = TfidfTransformer()
print transformer
tfidf = transformer.fit_transform(X)        #将词频矩阵 X 统计成 TF-IDF 值
#查看数据结构
print tfidf.toarray()                        #输出 TF-IDF 权重
weight = tfidf.toarray()
```

输出结果如图 9.17 所示,它也是 9×43 的矩阵,只是矩阵中的值已经计算为 TF-IDF 值了。

```
TfidfTransformer(norm=u'l2', smooth_idf=True, sublinear_tf=False,
         use_idf=True)
[[ 0.         0.          0.46061063  0.          0.46061063  0.
0.
    0.         0.          0.          0.          0.          0.
0.
    0.         0.          0.          0.          0.          0.
0.
    0.         0.          0.          0.          0.          0.
0.
    0.46061063  0.         0.          0.          0.          0.
    0.46061063  0.         0.          0.38903907  0.          0.
0.
    0.         0.          ]
```

图 9.17 生成 TF-IDF 值

(3) 调用 LDA

得到 TF-IDF 值后就可以进行各种算法的数据分析了,这里调用 lda.LDA()函数训练 LDA。其中,n_topics 表示设置 3 个主题("贵州""数据分析""爱情"),n_iter 表示设置迭代次数(500 次),并调用 fit(X)或 fit_transform(X)函数填充训练数据,具体代码如下:

```
model = lda.LDA(n_topics = 3, n_iter = 500, random_state = 1)
model.fit(X)             # model.fit_transform(X)
```

运行过程如图 9.18 所示。

读者也可以利用"import lda.datasets"导入官方数据集,然后调用 lda.datasets.load_reuters()函数载入数据集进行分析,这里作者则直接对表 9.2 所列的实例数据集进行 LDA 分析。

2. 计算文档-主题分布

该语料共包括 9 行文档,每一行文档对应一个主题,其中,第 1~3 行为"贵州"主题,第 4~6 行为"数据分析"主题,第 7~9 行为"爱情"主题。现在使用 LDA 预测各个文档的主题分布情况,即计算文档-主题(Document-Topic)分布,输出 9 个文档最

```
INFO:lda:n_documents: 9
INFO:lda:vocab_size: 43
INFO:lda:n_words: 49
INFO:lda:n_topics: 3
INFO:lda:n_iter: 500
INFO:lda:<0> log likelihood: -388
INFO:lda:<10> log likelihood: -317
INFO:lda:<20> log likelihood: -316
INFO:lda:<30> log likelihood: -308
INFO:lda:<40> log likelihood: -314
INFO:lda:<50> log likelihood: -315
INFO:lda:<60> log likelihood: -314
INFO:lda:<70> log likelihood: -315
INFO:lda:<80> log likelihood: -311
```

图9.18 运行过程

可能的主题代码如下：

test09_05.py

```python
# coding:utf-8
from sklearn.feature_extraction.text import CountVectorizer
from sklearn.feature_extraction.text import TfidfTransformer
import lda
import numpy as np

#生成词频矩阵
corpus = []
for line in open('test09_01.txt', 'r').readlines():
    corpus.append(line.strip())
vectorizer = CountVectorizer()
X = vectorizer.fit_transform(corpus)
word = vectorizer.get_feature_names()
#LDA分布
model = lda.LDA(n_topics=3, n_iter=500, random_state=1)
model.fit(X)
#文档-主题分布
doc_topic = model.doc_topic_
print("shape: {}".format(doc_topic.shape))
for n in range(9):
    topic_most_pr = doc_topic[n].argmax()
    print(u"文档: {} 主题: {}".format(n,topic_most_pr))
```

输出结果如图9.19所示，可以看到LDA将第1、7、8个文档归纳为一个主题，第2、5、9个文档归纳为一个主题，第3、4、6个文档归纳为一个主题。而真实的主题是第1~3个文档为一个主题，第4~6个文档为一个主题，第7~9个文档为一个主题，所以数据分析预测的结果存在误差。这是由于每个文档的词语较少,影响了实验结果。同时,在进行数据分析时,通常需要采用准确率、召回率或 F 值来评估一个算法的好坏,研究者也会不断地优化模型或替换为更好的算法。

3. 主题关键词的 Top-N

下面介绍计算各个主题下包括哪些常见的词语,即计算主题-词语(Topic-Word)分布。下面代码用于计算各主题中词频最高的 5 个词语,即 Top-5。

```
shape: (9L, 3L)
文档: 1  主题: 1
文档: 2  主题: 0
文档: 3  主题: 2
文档: 4  主题: 2
文档: 5  主题: 0
文档: 6  主题: 2
文档: 7  主题: 1
文档: 8  主题: 1
文档: 9  主题: 0
```

图 9.19 输出的文档-主题分布

比如,"爱情"主题下最常见的 5 个词语是"爱情""鸡蛋""苦涩""场""中国"。

首先分别计算各个主题下的关键词,代码如下:

```
#主题-单词(Topic-Word)分布
word = vectorizer.get_feature_names()
topic_word = model.topic_word_
for w in word:
    print w,
print ''
n = 5
for i, topic_dist in enumerate(topic_word):
    topic_words = np.array(word)[np.argsort(topic_dist)][:-(n+1):-1]
    print(u'* Topic {}\n- {}'.format(i, ' '.join(topic_words)))
```

其中,vectorizer.get_feature_names()函数用于列举各个特征或词语,model.topic_word_函数是存储各个主题词语的权重。首先输出所有的词语,然后输出 3 个主题中包含的前 5 个词语,输出如下:

一只 一场 中国 产物 位于 分类 可以 回归 多彩 存储 平凡 广泛应用 往往 数学 数据 数据分析 无数次 普通 林城 爬取 爱情 珍藏 甜美 生活 相关 相结合 省会 神州大地 简称 算法 紧密 美誉 聚类 苦涩 西南地区 计算机科学 贵州 贵州省 贵阳市 走遍 过程 醉美 鸡蛋
* Topic 0
- 珍藏 多彩 林城 醉美 生活
* Topic 1
- 爱情 鸡蛋 苦涩 一场 中国
* Topic 2
- 数据分析 数据 聚类 数学 爬取

接着通过代码计算各个主题通过 LDA 分析之后的权重分布,代码如下:

```
#主题-单词(Topic-Word)分布
print("shape: {}".format(topic_word.shape))
```

```
print(topic_word[:,:3])
for n in range(3):
    sum_pr = sum(topic_word[n,:])
    print("topic: {} sum: {}".format(n, sum_pr))
```

首先计算 topic_word 矩阵的形状,即 shape:(3L, 43L),它表示 3 个主题、43 个特征词;然后利用 topic_word[:,:3]输出 3 个主题的前 3 个词语对应的权重;最后计算每行语料所有特征词的权重和,求和值均为 1。

```
shape: (3L, 43L)
[[ 0.00060864  0.00060864  0.00060864]
 [ 0.06999307  0.06999307  0.06999307]
 [ 0.00051467  0.00051467  0.00051467]]
topic: 0 sum: 1.0
topic: 1 sum: 1.0
topic: 2 sum: 1.0
```

输出结果如图 9.20 所示。

```
一只 一场 中国 产物 位于 分类 可以 回归 多彩 存储 平凡 广泛应用 往往 数学 数据 数据分析 无数次
普通 林城 爬取 爱情 珍藏 甜美 生活 相关 相结合 省会 神州大地 简称 算法 紧密 美誉 聚类 苦涩 西南
地区 计算机科学 贵州 贵州省 贵阳市 走遍 过程 醉美 鸡蛋
*Topic 0
- 珍藏 多彩 林城 醉美 生活
*Topic 1
- 爱情 鸡蛋 苦涩 一场 中国
*Topic 2
- 数据分析 数据 聚类 数学 爬取
shape: (3L, 43L)
[[ 0.00060864  0.00060864  0.00060864]
 [ 0.06999307  0.06999307  0.06999307]
 [ 0.00051467  0.00051467  0.00051467]]
topic: 0 sum: 1.0
topic: 1 sum: 1.0
topic: 2 sum: 1.0
```

图 9.20 主题关键词

4. 可视化处理

这里将讲述 LDA 常用的两种可视化处理方法,并直接给出相应代码。

(1) 文档-主题分布图

完整代码如下:

test09_06.py

```
# coding:utf-8
from sklearn.feature_extraction.text import CountVectorizer
from sklearn.feature_extraction.text import TfidfTransformer
import lda
import numpy as np

#生成词频矩阵
```

```python
corpus = []
for line in open('test09_01.txt', 'r').readlines():
    corpus.append(line.strip())
vectorizer = CountVectorizer()
X = vectorizer.fit_transform(corpus)

#LDA 分布
model = lda.LDA(n_topics = 3, n_iter = 500, random_state = 1)
model.fit_transform(X)

#文档-主题分布
doc_topic = model.doc_topic_
print("shape: {}".format(doc_topic.shape))
for n in range(9):
    topic_most_pr = doc_topic[n].argmax()
    print(u"文档: {} 主题: {}".format(n + 1, topic_most_pr))
#可视化分析
import matplotlib.pyplot as plt
f, ax = plt.subplots(9, 1, figsize = (10, 10), sharex = True)
for i, k in enumerate([0,1,2,3,4,5,6,7,8]):
    ax[i].stem(doc_topic[k,:], linefmt = 'r-',
               markerfmt = 'ro', basefmt = 'w-')
    ax[i].set_xlim(-1, 3)           #3个主题
    ax[i].set_ylim(0, 1.0)          #权重 0-1 之间
    ax[i].set_ylabel("y")
    ax[i].set_title("Document {}".format(k + 1))
ax[4].set_xlabel("Topic")
plt.tight_layout()
plt.show()
```

输出图形如图 9.21 所示,它是计算文档 Document1~Document9 各个主题分布的情况。x 轴表示 3 个主题,y 轴表示对应每个主题的分布占比情况。如果某个主题分布很高,则可以认为该文档属于该主题。例如,Document1、Document7 和 Document8 在第 1 个主题分布最高,则可以认为这 3 个文档属于主题 1。

输出结果如下:

文档: 1 主题: 1
文档: 2 主题: 0
文档: 3 主题: 2
文档: 4 主题: 2
文档: 5 主题: 0
文档: 6 主题: 2
文档: 7 主题: 1
文档: 8 主题: 1
文档: 9 主题: 0

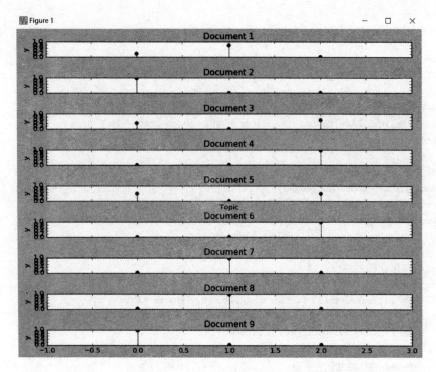

图 9.21　文档 Document 1～Document 9 各个主题的分布情况

（2）主题-词语分布图

主题-词语分布图用于计算各个词语的权重，共 43 个特征或词语，完整代码如下：

test09_07.py

```
# coding:utf-8
from sklearn.feature_extraction.text import CountVectorizer
from sklearn.feature_extraction.text import TfidfTransformer
import lda
import numpy as np


#生成词频矩阵
corpus = []
for line in open('test09_01.txt', 'r').readlines():
    corpus.append(line.strip())
vectorizer = CountVectorizer()
X = vectorizer.fit_transform(corpus)
#LDA 分布
model = lda.LDA(n_topics=3, n_iter=500, random_state=1)
model.fit_transform(X)
#文档-主题分布
```

```python
doc_topic = model.doc_topic_
print("shape: {}".format(doc_topic.shape))
for n in range(9):
    topic_most_pr = doc_topic[n].argmax()
    print(u"文档: {} 主题: {}".format(n+1,topic_most_pr))
topic_word = model.topic_word_
#可视化分析
import matplotlib.pyplot as plt
f, ax = plt.subplots(3, 1, figsize=(8,6), sharex=True)   #三个主题
for i, k in enumerate([0, 1, 2]):
    ax[i].stem(topic_word[k,:], linefmt='b-',
               markerfmt='bo', basefmt='w-')
    ax[i].set_xlim(-1, 43)          #词语 43 个
    ax[i].set_ylim(0, 0.5)          #词语出现频率
    ax[i].set_ylabel("y")
    ax[i].set_title("Topic {}".format(k))
ax[1].set_xlabel("word")
plt.tight_layout()
plt.show()
```

输出图形如图 9.22 所示,它是计算主题 Topic 0、Topic 1、Topic 2 各个词语权重分布情况。横轴表示 43 个词语,纵轴表示每个词语的权重。

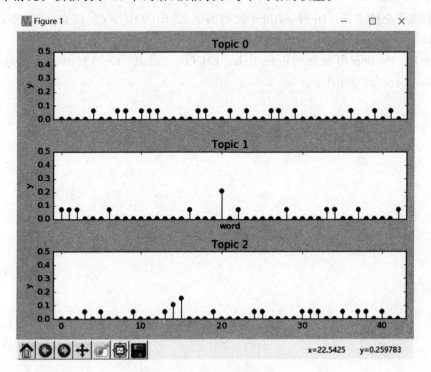

图 9.22　主题-词语分布

9.4 本章小结

通过词云热点技术能够形成类似云的彩色图片来聚集关键词,从视觉上呈现文档的热点关键词,并突出各关键词的重要程度,因此该技术被广泛应用于广告传媒、舆情分析、图片分析等领域。通过 LDA 技术能够识别文档库或知识语料中潜藏的主题信息,计算文档作者感兴趣的主题和每个文档所涵盖的主题比例,该技术被广泛应用于论文引文分析、聚类分析、自然语言处理、摘要自动生成等领域。本章详细讲解了 Python 环境下的 WordCloud 技术的词云热点分布和 LDA 模型的主题分布,并结合实例进行分析,希望读者能熟练掌握这两个技术并学以致用。

参考文献

[1] Han Jiawei,Kamber Micheline. 数据挖掘概念与技术[M]. 范明,孟小峰,译. 北京:机械工业出版社,2007.

[2] 佚名. WordCloud[EB/OL]. [2017-12-01]. https://github.com/amueller/word_cloud.

[3] 半吊子全栈工匠. 10 行 python 代码的词云[EB/OL]. (2017-03-06)[2017-12-01]. http://blog.csdn.net/wireless_com/article/details/60571394.

[4] 佚名. Python 中文分词组件 jieba[EB/OL]. [2017-12-01]. https://pypi.python.org/pypi/jieba/.

第 10 章
复杂网络与基于数据库技术的分析

前面章节讲述的有关 Python 数据分析的内容都是围绕常见的机器学习算法及实例展开的,例如回归分析、聚类分析、LDA 主题分布分析等,同时分析的数据集都来自于本地文件或自定义数组,而在真实的数据分析中,数据量更大、数据间的关系更复杂。针对这种情况,本章从实际案例出发,补充了两个更为新颖的 Python 数据分析知识点,即复杂网络与基于数据库技术的分析。

10.1　复杂网络

10.1.1　复杂网络和知识图谱

近年来,随着社交网络的兴起,多个领域如微博、微信、搜索引擎、Facebook、知识图谱等都涉及了社交网络技术。网络采用一种以关系为中心的世界观,利用人与人之间关系的现有数据结构,构建了一种网状图形,然后利用聚类等技术发现社群,洞察其中重要成员的作用,甚至通过关系推断来进行行为预测。复杂网络如图 10.1 所示。

网络与图论密切相关,图论起源于 1735 年欧拉对七桥问题的研究。一个图是由一组顶点(结点)和它们间的连接(关系或边)构成的关系结构。图定义为 $G=\{V, E\}$,其中 V 是点集合,由有限多结点形成;E 是边集合,由不分顺序的二元组数对 $\{u, v\}$ 形成的边 E。图可以是有方向的或无方向的,通常用邻接矩阵表示,建议读者自行学习数据结构中的图论知识。

同时,随着语义网(Semantic Web)的兴起,越来越多的网民可以对在线百科知识进行编辑和共享。普通用户的参与一方面提高了本体库的更新速度及扩充了知识的广度,但另一方面也发现很多的不足,包括如何在这些海量数据中发现新知识、怎样获取具有高价值结构的文本信息、如何实现开放式的知识抽取及挖掘用户之间的

图 10.1 复杂网络

关联关系、怎样确保知识集成的准确性和可靠性等。

2012年5月,谷歌公司提出了知识图谱(Knowledge Graph,KG),旨在让用户能够更快、更简单地发现新信息的同时提高搜索结果的质量。谷歌公司 S. Amid 博士提出"The world is not made of strings, but is made of things",认为整个世界的知识应该是由"things"组成,而不只是"strings"。其中,"things"被用于描述现实世界中的各种实体和概念,以及实体概念之间的关系。从某种程度上来说,知识图谱是对本体进行了丰富和扩充的新型搜索引擎,它增加了更加丰富的实体和属性信息。目前,国内外互联网公司推出的知识图谱主要有谷歌公司的知识图谱(Knowledge Graph)、Facebook 公司的实体搜索(Graph Search)服务、微软公司的 Satori、百度公司的"知心"和搜狗公司的"知立方"等。

图 10.2 所示为搜狗公司"知立方"搜索"中国的首都是哪里"后返回的结果,可以看到其返回了一个准确的值,即"北京",同时包括其对应的详情页面。

图 10.2 搜狗公司的"知立方"

总之,不管是复杂网络还是知识图谱,采用网络或图来表示人物之间的关系都异常方便。

10.1.2　NetworkX

NetworkX 是一个用来创建、操作、研究复杂网络结构、动态和功能的 Python 扩展库。NetworkX 库支持图的快速创建,可以生成经典图、随机图和综合网络,其节点和边都能存储数据、权重,是一个非常实用的、支持图算法的复杂网络库。同时,NetworkX 扩展库完善了对 Python 科学计算工具库的支持,如 Scipy、NumPy 等。

1. 安装过程

安装主要调用 pip 命令,这里使用 Anaconda 的 Spyder 软件,它已经集成了 NetworkX 扩展库。

```
pip install networkx          --安装库
pip install --upgrade networkx   --更新升级库
pip uninstall networkx        --卸载库
```

2. 基础代码

下面首先给大家看一个 NetworkX 调用 draw()函数绘图的代码。

```
# -*- coding: utf-8 -*-
import networkx as nx
import matplotlib.pyplot as plt
#定义有向图
DG = nx.DiGraph()
#添加5个节点(列表)
DG.add_nodes_from(['A', 'B', 'C', 'D', 'E'])
print DG.nodes()
#添加边(列表)
DG.add_edges_from([('A', 'B'), ('A', 'C'), ('A', 'D'), ('D','A'),('E','A'),('E','D')])
print DG.edges()
#绘制图形,设置节点名显示、节点大小、节点颜色
colors = ['red', 'green', 'blue', 'yellow']
nx.draw(DG,with_labels = True, node_size = 900, node_color = colors)
plt.show()
```

输出结果如图 10.3 所示。

3. NetworkX 详细介绍

(1) 导入 NetworkX 扩展库创建无多重边有向图

代码如下:

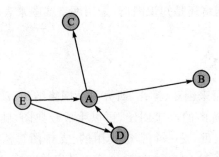

图 10.3 绘制的有向图

```
import networkx as nx
DG = nx.DiGraph()
```

图对象主要包括点和边，NetworkX 创建图包括 4 类：Graph 无多重边无向图，DiGraph 无多重边有向图，MultiGraph 有多重边无向图，MultiDiGraph 有多重边有向图。

（2）增加点，采用序列增加 5 个点

代码如下：

```
DG.add_nodes_from(['A', 'B', 'C', 'D', 'E'])
```

增加点可以通过 G.add_node(1)、G.add_node("first_node")函数增加一个点，也可以调用 DG.add_nodes_from([1,2,3])、DG.add_nodes_from(D)函数批量增加多个点。删除点通过调用 DG.remove_node(1)或 DG.remove_nodes_from([1,2,3])函数实现。

（3）增加边，采用序列增加多条边

代码如下：

```
DG.add_edges_from([('A', 'B'), ('A', 'C'), ('A', 'D'), ('D','A')])
```

增加一条边可以调用 DG.add_edge(1,2)函数，表示在 1 和 2 之间增加一个点，从 1 指向 2；也可以定义 e=(1,2)边，再调用 DG.add_edge(*e)函数实现，注意"*"用来获取元组(1,2)中的元素。增加多条表则使用 DG.add_edges-from([(1,2),(2,3)])函数实现。删除边采用 remove_edge(1,2)函数或 remove_edges_from(list)函数实现。

（4）访问点和边

代码如下：

```
DG.nodes()         #访问点，返回结果：['A', 'C', 'B', 'E', 'D']
DG.edges()         #访问边，返回结果：[('A', 'C'), ('A', 'B'),…, ('D', 'A')]
DG.node['A']       #返回包含点和边的列表
DG.edge['A']['B']  #返回包含两个 key 之间的边
```

(5) 查看点和边的数量

代码如下：

```
DG.number_of_nodes()      #查看点的数量,返回结果:5
DG.number_of_edges()      #查看边的数量,返回结果:6
DG.neighbors('A')         #所有与A连通的点,返回结果:['C', 'B', 'D']
DG['A']                   #所有与A相连边的信息,{'C': {}, 'B': {}, 'D': {}},未设置属性
```

(6) 设置属性

可以给图、点、边赋予各种属性，其中权值属性最为常见，如权重、频率等。代码如下：

```
DG.add_node('A', time = '5s')
DG.add_nodes_from([1,2,3],time = '5s')
DG.add_nodes_from([(1,{'time':'5s'}),(2,{'time':'4s'})])   #元组列表
DG.node['A']    #访问
DG.add_edges_from([(1,2),(3,4)], color = 'red')
```

(7) draw 绘图

绘制图是调用 draw() 函数，比如：

```
nx.draw(pos = nx.random_layout(DG))DG,with_labels = True, node_size = 900, node_color
    = colors
```

其中，参数 pos 表示布局，包括 spring_layout（用 Fruchterman-Reingold 算法排列节点）、random_layout（节点随机分布）、circular_layout（节点在一个圆环上均匀分布）、shell_layout（节点在同心圆上分布）4 种类型，如 pos＝nx.random_layout(DG)；参数 node_color 设置节点颜色；node_size 设置节点大小。

最后，补充一个更好的绘制图形的函数，绘制的图形更加精美，代码如下：

```
pos = nx.random_layout(G)
nx.draw_networkx_nodes(G, pos, alpha = 0.2,node_size = 1200,node_color = colors)
nx.draw_networkx_edges(G, pos, node_color = 'r', alpha = 0.3)
nx.draw_networkx_labels(G, pos, font_family = 'sans-serif', alpha = 0.5)
```

10.1.3 用复杂网络分析学生关系网

下面通过一个实例让读者简单体会一下 Python 复杂网络的分析过程。分析对象是选修"Python 数据挖掘与分析"课程学生的人物关系，他们来自各个学院和专业。这里统计了选修该课程的 105 个学生信息，部分学生信息如图 10.4 所示，主要包括姓名、性别、学院、班级、宿舍楼层等，主要根据学院信息来建立人物关系。

分析步骤如下：

① 调用 Pandas 库读取 data.csv 文件，并获取学生姓名，将姓名存储在一个数

序号	姓名	性别	学院	大数据金融班级	宿舍楼层	宿舍号	实验分组
0	杨宜波	男	经济学院	大数据金融1班	5栋	103	1
1	张涛	男	信息学院	大数据金融1班	5栋	103	1
2	陈树	女	工商学院	大数据金融1班	16栋	102	1
3	向桥	男	公管学院	大数据金融1班	5栋	103	1
4	张开	男	金融学院	大数据金融1班	5栋	103	1
5	杨婷	女	金融学院	大数据金融1班	16栋	102	1
6	陈杰	男	经济学院	大数据金融1班	5栋	104	1
7	潘苏娟	女	数统学院	大数据金融1班	16栋	102	1
8	袁月洁	女	管科学院	大数据金融1班	16栋	102	1
9	冯显蓉	女	数统学院	大数据金融1班	16栋	217	1
10	王家红	女	数统学院	大数据金融1班	16栋	217	2
11	包承菊	女	经济学院	大数据金融1班	16栋	217	2
12	卢永洪	男	会计学院	大数据金融1班	5栋	104	2
13	陈鑫	男	金融学院	大数据金融1班	5栋	104	2
14	范银燕	女	会计学院	大数据金融1班	16栋	217	2
15	胡垠	男	信息学院	大数据金融1班	5栋	104	2
16	班敬凯	男	信息学院	大数据金融1班	5栋	105	2
17	江丹瑛	女	金融学院	大数据金融1班	16栋	218	2
18	刘腊娜	女	管科学院	大数据金融1班	16栋	218	2
19	王杰	男	金融学院	大数据金融1班	5栋	105	2

图 10.4 部分学生信息

组中。

② 计算各个学生的共现矩阵,比如学生 A 和学生 B 都是同一个学院的,则认为 A 和 B 共现一次权重加 1,最终按照来自各个学院的学生共现次数,形成共现矩阵,再分析学生之间的关系。

③ 将共现矩阵存储至 word_node.txt 文件中,格式为"学生 A　学生 B　共现词频"。

④ 读取 word_node.txt 文件,采用空格分割,绘制对应关系图,如果学生 A 和学生 B 共同出现,则建立一条边,表示存在关系。类似的,做小说或电视人物关系分析时,如果人物在某一章同时出现,则认为存在关系,此时就建立一条边。

⑤ 调用 NetworkX 库绘制图形。

完整代码如下:

test10_01.py

```
# -*- coding: utf-8 -*-
"""
Created on 2017-12-25
@author: eastmount CSDN 杨秀璋
"""
import pandas as pd
import numpy as np
import codecs
import networkx as nx
import matplotlib.pyplot as plt

""" 第一步:读取数据并获取姓名 """
data = pd.read_csv("data.csv",encoding = "gb2312") #中文乱码
print data[:4]
```

```python
print data[u'姓名']                          #获取某一列数据
print type(data[u'姓名'])
name = []
for n in data[u'姓名']:
    name.append(n)
print name[0]


""" 第二步:计算共现矩阵 定义函数实现 """
a = np.zeros([2,3])
print a
print len(name)
word_vector = np.zeros([len(name),len(name)])    #共现矩阵
#1.计算学院共现矩阵
i = 0
while i <len(name):                              #len(name)
    academy1 = data[u'学院'][i]
    j = i + 1
    while j <len(name):
        academy2 = data[u'学院'][j]
        if academy1 == academy2:                 #学院相同
            word_vector[i][j] += 1
            word_vector[j][i] += 1
        j = j + 1
    i = i + 1
print word_vector
np_data = np.array(word_vector)                  #矩阵写入文件
pd_data = pd.DataFrame(np_data)
pd_data.to_csv('result.csv')
#2.计算大数据金融班级共现矩阵
#3.计算性别共现矩阵
#4.计算宿舍楼层共现矩阵
"""

i = 0
while i <len(name):    #len(name)
    academy1 = data[u'宿舍楼层'][i]
    j = i + 1
    while j <len(name):
        academy2 = data[u'宿舍楼层'][j]
        if academy1 == academy2:                 #相同
            word_vector[i][j] += 1
            word_vector[j][i] += 1
        j = j + 1
    i = i + 1
print word_vector
"""
```

```python
""" 第三步:共现矩阵计算(学生1  学生2  共现词频)文件 """
words = codecs.open("word_node.txt","a+","utf-8")
i = 0
while i <len(name):    #len(name)
    student1 = name[i]
    j = i + 1
    while j <len(name):
        student2 = name[j]
        #判断学生是否共现,共现词频不为0则加入
        if word_vector[i][j] > 0:
            words.write(student1 + " " + student2 + " "
                + str(word_vector[i][j]) + "\r\n")
        j = j + 1
    i = i + 1
words.close()

""" 第四步:图形生成 """
a = []
f = codecs.open('word_node.txt','r','utf-8')
line = f.readline()
print line
i = 0
A = []
B = []
while line! = "":                                        #保存文件是以空格分离的
    a.append(line.split())
    print a[i][0],a[i][1]
    A.append(a[i][0])
    B.append(a[i][1])
    i = i + 1
    line = f.readline()
elem_dic = tuple(zip(A,B))
print type(elem_dic)
print list(elem_dic)
f.close()

import matplotlib
matplotlib.rcParams['font.sans-serif'] = ['SimHei']
matplotlib.rcParams['font.family']= 'sans-serif'
colors = ["red","green","blue","yellow"]
G = nx.Graph()
G.add_edges_from(list(elem_dic))
#nx.draw(G,with_labels = True,pos = nx.random_layout(G),font_size = 12,node_size =
   2000,node_color = colors)  #alpha = 0.3
#pos = nx.spring_layout(G,iterations = 50)
```

```
pos = nx.random_layout(G)
nx.draw_networkx_nodes(G, pos, alpha = 0.2, node_size = 1200, node_color = colors)
nx.draw_networkx_edges(G, pos, node_color = 'r', alpha = 0.3) # style = 'dashed'
nx.draw_networkx_labels(G, pos, font_family = 'sans-serif', alpha = 0.5) # font_size = 5
plt.show()
```

spring_layout 输出图形如图 10.5 所示,可以看到聚集在一起的为同一个学院学生,他们分别是"信息学院"一堆、"金融学院"一堆、"会计学院"一堆等。

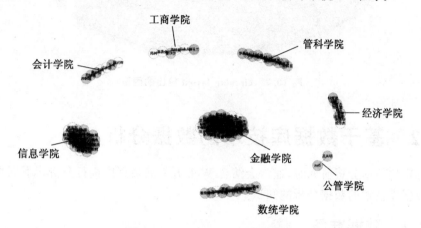

图 10.5　spring_layout 输出图形

random_layout 输出的随机图形如图 10.6 所示。

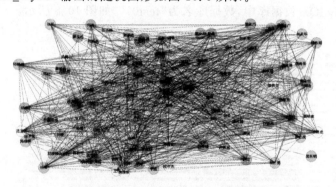

图 10.6　random_layout 输出的随机图形

circular_layout 输出的图形如图 10.7 所示,将学生围城一圈,图中每两个点之间存在一条连线,表示同一个学院的学生,他们也更可能认识。

对于该数据集,建议读者自己建立,可以根据各种数据建立对应的人物关系。同时,共现矩阵也可以有不同的计算方法,请读者自行研究。

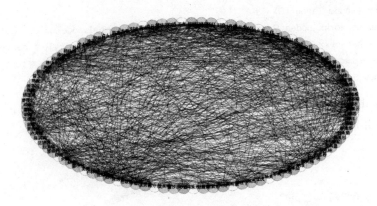

图 10.7　circular_layout 输出的图形

10.2　基于数据库技术的数据分析

真实的数据分析研究时,通常会结合 Web 开发或数据库进行分析。下面将补充基于数据库技术的数据分析的知识。

10.2.1　数据准备

假设爬取了某网站 2 万多篇博客信息,涉及 1 500 多个博客作者,并将此部分信息存储至本地 MySQL 数据库中,数据库名为"test01",如图 10.8 所示。

图 10.8　数据存储

其中,创建数据库表的 SQL 语句如下:

```
CREATE TABLE `csdn`(
    `ID` int(11) NOT NULL AUTO_INCREMENT,
```

```
 URL varchar(100) COLLATE utf8_bin DEFAULT NULL,
 Author varchar(50) COLLATE utf8_bin DEFAULT NULL COMMENT '作者',
 Artitle varchar(100) COLLATE utf8_bin DEFAULT NULL COMMENT '标题',
 Description varchar(400) COLLATE utf8_bin DEFAULT NULL COMMENT '摘要',
 Manage varchar(100) COLLATE utf8_bin DEFAULT NULL COMMENT '信息',
 FBTime datetime DEFAULT NULL COMMENT '发布日期',
 YDNum int(11) DEFAULT NULL COMMENT '阅读数',
 PLNum int(11) DEFAULT NULL COMMENT '评论数',
 DZNum int(11) DEFAULT NULL COMMENT '点赞数',
 PRIMARY KEY (`ID`)
) ENGINE = InnoDB AUTO_INCREMENT = 9371 DEFAULT CHARSET = utf8 COLLATE = utf8_bin;
```

输出结果如图 10.9 所示，包括 ID（序号）、URL（文章超链接）、Author（作者）、Artitle（标题）、Description（摘要）、Manage（信息）、FBTime（发布日期）、YDNum（阅读数）、PLNum（评论数）和 DZNum（点赞数）。

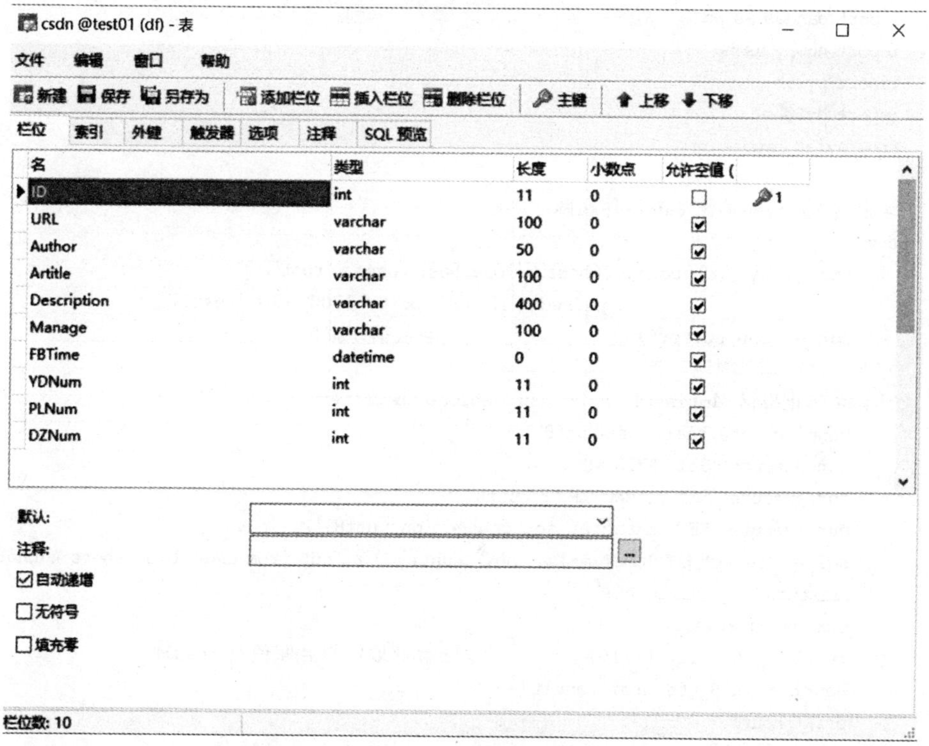

图 10.9 CSDN 表结构

10.2.2 基于数据库技术的可视化分析

下面直接给出各类图形可视化分析的代码，主要是对博客时间进行对比。

1. 24 h 博客发布数量对比

首先给出博主 Eastmount 的 24 h 博客发布数量对比图,使用的 SQL 语句如下:

select HOUR(FBTime) as hh, count(*) as cnt from csdn_blog
where Author = 'Eastmount' group by hh;

上述语句表示获取发布时间 FBTime 中的小时数据,再调用 group by hh 对小时进行分组,统计各个时间段发布文章数的情况。

接下来使用 Python 访问数据库,调用该 SQL 语句读取数据,再结合 Matplotlib 绘图扩展库进行可视化分析,完整代码如下:

test10_02.py

```python
# coding = utf-8
import matplotlib.pyplot as plt
import matplotlib
import pandas as pd
import numpy as np
import pylab
import MySQLdb
from pylab import *

#根据 SQL 语句输出 24h 的柱状图
try:
    conn = MySQLdb.connect(host = 'localhost', user = 'root',
                           passwd = '123456', port = 3306, db = 'test01')
    cur = conn.cursor()                    #数据库游标

    #防止报错 'latin-1' codec can't encode character
    conn.set_character_set('utf8')
    cur.execute('SET NAMES utf8;')
    cur.execute('SET CHARACTER SET utf8;')
    cur.execute('SET character_set_connection = utf8;')
    sql = "select HOUR(FBTime) as hh, count( * ) as cnt from csdn_blog where Author = 'Eastmount' group by hh;"
    cur.execute(sql)
    result = cur.fetchall()                #获取结果并赋值给 result
    hour1 = [n[0] for n in result]
    print hour1
    num1 = [n[1] for n in result]
    print num1

    N = 23                                 #参数 np.arange(23) 表示 24 h
    ind = np.arange(N)                     #赋值 0~23
    width = 0.35
    plt.bar(ind, num1, width, color = 'r', label = 'sum num')
```

```
#设置底部名称
plt.xticks(ind + width/2, hour1, rotation = 40)      #旋转 40°
for i in range(23):                                   #中心底部翻转 90°
    plt.text(i, num1[i], str(num1[i]),
             ha = 'center', va = 'bottom', rotation = 45)
plt.title('Number - 24Hour')
plt.xlabel('hours')
plt.ylabel('The number of blog')
plt.legend()
plt.savefig('08csdn.png',dpi = 400)
plt.show()

#异常处理
except MySQLdb.Error,e:
    print "Mysql Error %d: %s" % (e.args[0], e.args[1])
finally:
    cur.close()
    conn.commit()
    conn.close()
```

运行结果如图 10.10 所示,可以看到各个时间点发布博客的数量,发现作者(Eastmount 即为作者的账号名)10 点钟没有写过博客,也可以从图中看出作者经常深夜写博客。

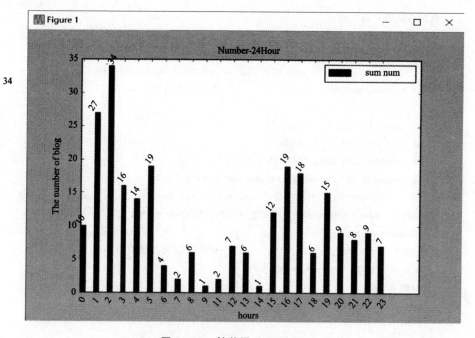

图 10.10　柱状图 24 h 对比

2. 每年每月博客发布数量对比

如果需要统计每年每月发布博客的情况,则使用如下的 SQL 语句。

```sql
select DATE_FORMAT(FBTime,'%Y%m') as 年份, count(*) as 数量
    from csdn_blog where Author = 'Eastmount'
group by DATE_FORMAT(FBTime,'%Y%m');
```

调用 Navicat for MySQL 输出博主 Eastmount 的每年每月发布博客情况如下,时间从 2013 年开始写文到 2017 年 3 月。

test10_03.py

```python
# coding = utf-8
import matplotlib.pyplot as plt
import matplotlib
import pandas as pd
import numpy as np
import pylab
import MySQLdb
from pylab import *
import matplotlib.pyplot as plt

#根据 SQL 语句输出散点
try:
    conn = MySQLdb.connect(host = 'localhost', user = 'root',
                           passwd = '123456', port = 3306, db = 'test01')
    cur = conn.cursor()                      #数据库游标

    conn.set_character_set('utf8')
    cur.execute('SET NAMES utf8;')
    cur.execute('SET CHARACTER SET utf8;')
    cur.execute('SET character_set_connection = utf8;')
    sql = '''select DATE_FORMAT(FBTime,'%Y%m'), count(*) from csdn_blog where
Author = 'Eastmount' group by DATE_FORMAT(FBTime,'%Y%m');'''
    cur.execute(sql)
    result = cur.fetchall()                  #获取结果并赋值给 result
    date1 = [n[0] for n in result]
    print date1
    num1 = [n[1] for n in result]
    print num1
    print type(date1)
    plt.scatter(date1, num1, 25, color = 'white', marker = 'o',
                edgecolors = '#0D8ECF', linewidth = 3, alpha = 0.8)
```

```python
        plt.title('Number - 12Month')
        plt.xlabel('Time')
        plt.ylabel('The number of blog')
        plt.savefig('02csdn.png',dpi = 400)
        plt.show()

#异常处理
except MySQLdb.Error,e:
    print "Mysql Error %d: %s" % (e.args[0], e.args[1])
finally:
    cur.close()
    conn.commit()
    conn.close()
```

运行结果如图 10.11 所示,可以看到各个阶段完成的情况。

```
>>>
['201303', '201304', '201305', '201306', '201307', '201308', '201309', '201310',
 '201311', '201312', '201401', '201402', '201403', '201404', '201405', '201406',
 '201407', '201408', '201409', '201410', '201411', '201412', '201501', '201502',
 '201503', '201504', '201505', '201506', '201507', '201508', '201509', '201510',
 '201511', '201512', '201601', '201602', '201603', '201604', '201605', '201606',
 '201607', '201608', '201609', '201610', '201611', '201612', '201701', '201702',
 '201703']
[2L, 2L, 4L, 3L, 6L, 4L, 10L, 1L, 1L, 1L, 7L, 5L, 6L, 3L, 6L, 1L, 2L, 2L, 3L, 9L
, 8L, 7L, 6L, 8L, 7L, 6L, 14L, 6L, 3L, 6L, 20L, 11L, 7L, 5L, 6L, 3L, 2L, 4L, 3L,
 2L, 3L, 3L, 6L, 9L, 10L, 2L, 1L, 2L, 4L]
<type 'list'>
>>>
```

图 10.11 运行结果(各个阶段完成的情况)

同时,设置不同的 SQL 语句可以对比不同的结果,比如对比每年作者发表博客的情况,对应 SQL 语句如下:

```sql
select DATE_FORMAT(FBTime,'%Y'), Count(*) from csdn_blog where Author = 'Eastmount' group by DATE_FORMAT(FBTime,'%Y');
```

绘制的图形如图 10.12 所示。

3. 绘制时间折线波动图

下述代码所实现的功能是绘制时间序列图,可以看到各个时间段发表博客数量的折线波动情况。

test10_04.py

```python
# coding = utf - 8
import matplotlib.pyplot as plt
```

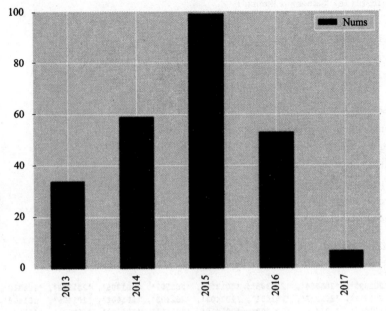

图 10.12 对比年份图形

```
import matplotlib
import pandas as pd
import numpy as np
import pylab
import MySQLdb
from pylab import *

# 根据 SQL 语句输出 24 h 的柱状图
try:
    conn = MySQLdb.connect(host = 'localhost',user = 'root',
                        passwd = '123456',port = 3306, db = 'test01')
    cur = conn.cursor()                    #数据库游标

    conn.set_character_set('utf8')
    cur.execute('SET NAMES utf8;')
    cur.execute('SET CHARACTER SET utf8;')
    cur.execute('SET character_set_connection = utf8;')
    sql = '''select DATE_FORMAT(FBTime,'%Y-%m-%d'),Count(*) from csdn
            group by DATE_FORMAT(FBTime,'%Y-%m-%d');'''
    cur.execute(sql)
    result = cur.fetchall()                #获取结果赋值给 result
    day1 = [n[0] for n in result]
    print len(day1)
    num1 = [n[1] for n in result]
    print len(num1),type(num1)
    matplotlib.style.use('ggplot')
```

```
#获取第一天
start = min(day1)
print start
#np.random.randn(len(num1)) 生成正确图形,正态分布随机数
ts = pd.Series(np.random.randn(len(num1)),
               index = pd.date_range(start, periods = len(num1)))
ts = ts.cumsum()
ts.plot()
plt.title('Number - 365Day')
plt.xlabel('Time')
plt.ylabel('The number of blog')
plt.savefig('04csdn.png',dpi = 400)
plt.show()

#异常处理
except MySQLdb.Error,e:
    print "Mysql Error %d: %s" % (e.args[0], e.args[1])
finally:
    cur.close()
    conn.commit()
    conn.close()
```

运行结果如图 10.13 所示,可以看到各个阶段的完成情况。

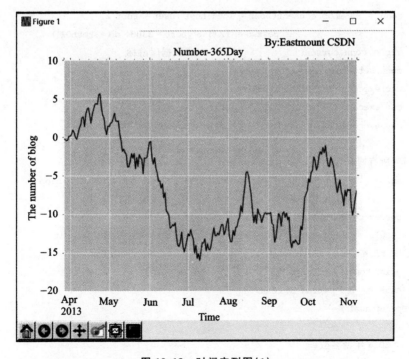

图 10.13　时间序列图(1)

10.2.3　基于数据库技术的可视化对比

下述代码所实现的功能是基于数据库技术的可视化分析多图对比,通过调用 DataFrame() 函数实现。参数 index 设置 X 轴时间;columns 设置每行数据对应的值;"kind='area'"设置 Area Plot 图,还可以设置 bar(柱状图)、barh(柱状图-纵向)、scatter(散点图)和 pie(饼图)等。

注意:代码中需要将 num1、num2、num3 和 num4 合并为[12,4]数组,转换为 array 类型,再转置后绘制可视化图形。

test10_05.py

```
# coding = utf - 8
import matplotlib.pyplot as plt
import matplotlib
import pandas as pd
import numpy as np
import MySQLdb
from pandas import *

try:
    conn = MySQLdb.connect(host = 'localhost',user = 'root',
                    passwd = '123456',port = 3306, db = 'test01')
    cur = conn.cursor()                     # 数据库游标
    conn.set_character_set('utf8')
    cur.execute('SET NAMES utf8;')
    cur.execute('SET CHARACTER SET utf8;')
    cur.execute('SET character_set_connection = utf8;')

    # 所有博客数
    sql = '''select MONTH(FBTime) as mm, count( * ) as cnt from csdn_blog
            group by mm;'''
    cur.execute(sql)
    result = cur.fetchall()                 # 获取结果并赋值给 result
    hour1 = [n[0] for n in result]
    print hour1
    num1 = [n[1] for n in result]
    print num1

    # 2014 年博客数
    sql = '''select MONTH(FBTime) as mm, count( * ) as cnt from csdn_blog
            where DATE_FORMAT(FBTime,'% Y') = '2014' group by mm;'''
```

```
cur.execute(sql)
result = cur.fetchall()
num2 = [n[1] for n in result]
print num2

#2015年博客数
sql = '''select MONTH(FBTime) as mm, count(*) as cnt from csdn_blog
        where DATE_FORMAT(FBTime,'%Y') = '2015' group by mm;'''
cur.execute(sql)
result = cur.fetchall()
num3 = [n[1] for n in result]
print num3

#2016年博客数
sql = '''select MONTH(FBTime) as mm, count(*) as cnt from csdn_blog
        where DATE_FORMAT(FBTime,'%Y') = '2016' group by mm;'''
cur.execute(sql)
result = cur.fetchall()
num4 = [n[1] for n in result]
print num4

#重点,数据整合[12,4]
data = np.array([num1, num2, num3, num4])
print data
d = data.T                          #转置
print d
df = DataFrame(d, index = hour1, columns = ['All','2014','2015','2016'])
df.plot(kind = 'area', alpha = 0.2)    #设置颜色,透明度
plt.title('Area Plot Blog - Month')
plt.savefig('csdn.png',dpi = 400)
plt.show()

#异常处理
except MySQLdb.Error,e:
    print "Mysql Error %d: %s" % (e.args[0], e.args[1])
finally:
    cur.close()
    conn.commit()
    conn.close()
```

运行结果如图 10.14 所示,Area Plot 图将数据划分为等级梯度,其基本趋势相同。

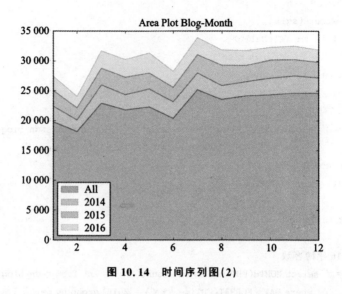

图 10.14　时间序列图(2)

作者认为，10.2 节讲解的知识点非常好，甚至可以被看作是做数据分析的一个转折点，为什么呢？因为此时的数据分析已经和 SQL 语句紧密结合起来了，其分析效果更好，灵活性更高，所分析的数据量更大。如果您是一位数据分析的新人，作者强烈推荐使用该方法，尤其是结合网络爬虫的数据分析。

10.3　基于数据库技术的博客行为分析

随着计算机和电子科学技术的迅速发展，人类行为的大量细节数据和信息被记录下来。这些海量的数据包括从商业记录到智能电话通信，再到网络数据库等，使得研究人员能够定量地分析和定性地研究人类动力学或人类行为。对人类行为的深入研究分析将有助于揭示大量社会经济活动中复杂现象的起因，有着重要的科学和应用价值。例如，自从人类交互行为和移动行为中的非泊松统计特性被发现以来，更多的科学家开始关注这些特性对传播动力学的影响。本节主要是对程序员编写博客的行为进行幂率分布分析。

10.3.1　幂率分布

在日常生活中幂率分布（Power-law Distribution）是一种很常见的数学模型，比如二八原则。这个世界上 20% 的人口拥有 80% 的财富，20% 的公司创造了 80% 的价值，80% 的收入来自 20% 的商品，80% 的利润来自 20% 的顾客等。图 10.15 所示是 2011 年比较流行的一张图，它体现了人类财富幂率分布现象，即极少数的人却拥有天文级别的财富。

为什么会有这样的差别呢？这是因为时间的乘积效应，智商上的微弱优势乘以

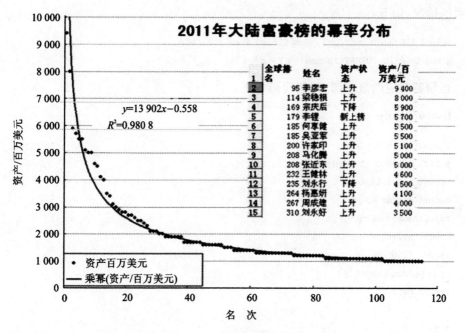

图 10.15 人类财富幂率分布

时间就会使得价值或财富呈几何级的增长。经济学财富分布满足幂率分布,语言中的词频统计符合幂率分布,城市规模和数量也满足幂率分布,音乐中有 $1/f$ 噪声也可以用幂率分布解释。通常人们理解的幂率分布就是所谓的马太效应或二八原则,即少数人聚集了大量的财富,而大多数人的财富数量却很小。

下面简单讲解幂率公式的推导过程。

假设幂率公式定义如下:

$$Y = aX^{-b}$$

式中:Y 表示某一数量指标 X 发生的次数。

对公式两边同时取以 10 为底的对数,推导过程如下:

$$\lg Y = \lg aX^{-b} = \lg a - b\lg X$$

现令 $y=\lg Y, x=\lg X$,并且 $m=\lg a$ 为常数,则公式变为

$$y = m - bx$$

所以,对于幂率分布,其坐标取对数后会转换为线性方程,更方便人们分析,也符合人类行为规律。接下来就通过 Python 编写的幂率分布实例来分析 10.2 节的博客数据集。

10.3.2 用幂率分布分析博客数据集

1. 散点图分布

首先对所有爬取的博客评论数进行统计分析,调用 SQL 语句统计各阶段发表评

论数的情况,如下:

```
select FBTime, Count(*), sum(PLNum) from csdn_blog
group by DATE_FORMAT(FBTime,'%Y%m%d');
```

再绘制对应的散点图,完整代码如下:

test10_06.py

```
# coding = utf-8
import matplotlib.pyplot as plt
import matplotlib
import pandas as pd
import numpy as np
import pylab
import MySQLdb
from pandas import *
import math

try:
    conn = MySQLdb.connect(host='localhost',user='root',
                           passwd='123456',port=3306, db='test01')
    cur = conn.cursor()                    #数据库游标
    conn.set_character_set('utf8')
    cur.execute('SET NAMES utf8;')
    cur.execute('SET CHARACTER SET utf8;')
    cur.execute('SET character_set_connection=utf8;')
    sql = '''select FBTime, Count(*), sum(PLNum) from csdn_blog
             group by DATE_FORMAT(FBTime,'%Y%m%d');'''

    #DATE_FORMAT(FBTime,'%Y%m%d')
    cur.execute(sql)
    result = cur.fetchall()                #获取结果并赋值给result
    day1 = [n[0] for n in result]
    print len(day1)
    num1 = [n[1] for n in result]
    print len(num1),type(num1)
    pls1 = [n[2] for n in result]          #评论数
    print num1.index(max(num1))            #获取最大值的序列

    #删除最大值,画图更均匀
    del day1[num1.index(max(num1))]
    del num1[num1.index(max(num1))]
```

```
        del pls1[num1.index(max(num1))]

        fig = plt.figure()                    # 添加网格线
        sub = fig.add_subplot(1,1,1)
        print type(pls1)
        sub.scatter(day1, num1)               # 画气泡散点图
        plt.savefig('bank5.png',dpi = 400)    # 保存图片
        plt.show()                            # 显示图片

    # 异常处理
    except MySQLdb.Error,e:
        print "Mysql Error %d: %s" % (e.args[0], e.args[1])
    finally:
        cur.close()
        conn.commit()
        conn.close()
```

绘制的图形如图 10.16 所示,横轴是发表博客的时间,其值分布于 2001—2007 年,纵轴表示这期间每天发布博客的文章评论总数。可以发现点越密集的地方博客发表得越多,活跃程度越高,而 2001—2004 年是 CSDN 博客网站的起步阶段,技术交流文章数量较少。

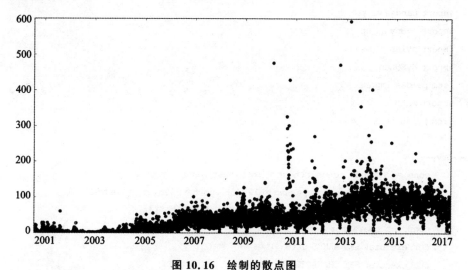

图 10.16 绘制的散点图

2. 阅读量和博客总数的幂率分布分析

接下来通过 SQL 语句来统计各阶段阅读量的博客总数,这里调用 ceil()函数进行简单的归一化处理,对应的 SQL 语句如下:

```
select ceil(YDNum/100), count(*) from csdn_blog GROUP BY ceil(YDNum/100);
```

SQL 语句返回两个结果：一个是各阶段的博客阅读量，另一个是对应该阅读量的博客总数。采用 count()进行计数，例如，评论为 100 的博客共有 200 篇。

需要注意的是，这里采用 math.log10()函数分别对阅读量和各阅读量对应的博客总数取对数，从而实现幂率分布计算，核心代码如下：

```
daylog = range(len(num1))
numlog = range(len(num1))
i = 1
while i <len(num1):
    daylog[i] = math.log10(day1[i])
    numlog[i] = math.log10(num1[i])
    i = i + 1
else:
    print 'end log10'
```

完整代码如下：

test10_07.py

```
# coding = utf-8
import matplotlib.pyplot as plt
import matplotlib
import pandas as pd
import numpy as np
import pylab
import MySQLdb
from pandas import *
import math
from pylab import *

try:
    conn = MySQLdb.connect(host = 'localhost', user = 'root',
                    passwd = '123456', port = 3306, db = 'test01')
    cur = conn.cursor()                          #数据库游标
    conn.set_character_set('utf8')
    cur.execute('SET NAMES utf8;')
    cur.execute('SET CHARACTER SET utf8;')
    cur.execute('SET character_set_connection = utf8;')
    sql = '''select ceil(YDNum/100), count( * ) from csdn_blog GROUP BY ceil(YDNum/
    100);'''

    cur.execute(sql)
    result = cur.fetchall()                      #获取结果并赋值给 result
```

```
day1 = [n[0] for n in result]
print len(day1)
print day1
num1 = [n[1] for n in result]
print len(num1),type(num1)
print num1.index(max(num1))           #获取最大值的序列
print max(num1)
print num1[0]

#两边取以10为底的对数
daylog = range(len(num1))
numlog = range(len(num1))
i = 2                                 #第一个值是null,因为最后一组数据没有时间间隔
while i <len(num1):
    daylog[i] = math.log10(day1[i])
    numlog[i] = math.log10(num1[i])
    i = i + 1
else:
    print 'end log10'

#阅读量幂率分布
xlim(-0.5,4.5)                        #设置x轴范围
ylim(-0.5,4.5)                        #设置y轴范围
matplotlib.style.use('ggplot')
plt.scatter(daylog[2:], numlog[2:], marker = 's')
plt.title('Number of users published')
#重点:设置x轴坐标刻度,否则数据太多
plt.xlabel('Reading Volume')
plt.ylabel('The number of blog')
plt.savefig('07csdn.png',dpi = 400)
plt.show()

#异常处理
except MySQLdb.Error,e:
    print "Mysql Error %d: %s" % (e.args[0], e.args[1])
finally:
    cur.close()
    conn.commit()
    conn.close()
```

绘制结果如图10.17所示,x轴为归一化处理后的博客阅读量,y轴为对应阅读量的博客总数,它是符合幂率分布的。

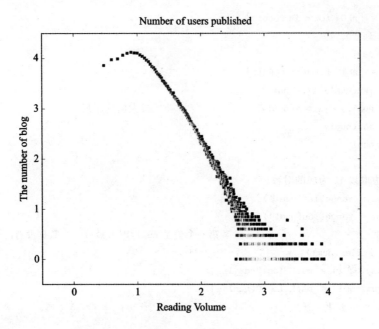

图 10.17　利用幂率分布分析阅读量-博客总数关系

3. 时间间隔分布

时间间隔定义为用户两次连续活动之间的时间差,例如用户在 t1 时刻被记录到活动一次,在 t2 时刻又被记录到活动一次,则用户的时间间隔定义为(t2－t1)。间隔时间作为反映人类行为或事件活跃程度的一个重要概念,现实中有着极其重要的作用,是描述人类活动模式的度量之一。

在研究幂率分布时,通常通过计算时间间隔来研究人类的行为模型,比如统计相邻两封邮件或短信的间隔,再如相邻两篇微博的间隔。这里主要是计算每个博客作者发布相邻两篇博客的间隔时间,再对其进行幂率分布分析。

SQL 语句如下所示,采用子查询的形式计算两篇博客的时间间隔,时间间隔采用分钟计算。注意,该 SQL 语句难度较大,主要调用了子查询和 LEFT JOIN 连接数据,同时子查询中采用自定义序列,体现了 Python 数据分析与 SQL 语句结合的强大优势和便利性。

```
select   TIMESTAMPDIFF(minute, A.FBTime, B.FBTime) sub_seconds, count(A.ID)
from (
    select a.ID, a.Author, a.Artitle, a.FBTime, (@i : = @i + 1) as ord_num from csdn
    _blog a,(select @i : = 1) d
     order by Author, FBTime
  ) as A LEFT JOIN (
    select a.ID, a.Author, a.Artitle, a.FBTime, (@j : = @j + 1) as ord_num from csdn
    _blog a,( select @j : = 0) c
```

```
    order by Author, FBTime
  )as B on A.ord_num = B.ord_num and A.Author = B.Author GROUP BY sub_seconds;
```

采用 Navicat for MySQL 运行该 SQL 语句的结果如图 10.18 所示,包括两列数据,第一列是时间间隔(单位:min),第二列是统计该时间间隔下发表博客的总数。比如时间为 0 min 时,共 82 808 篇博客被连续发布。

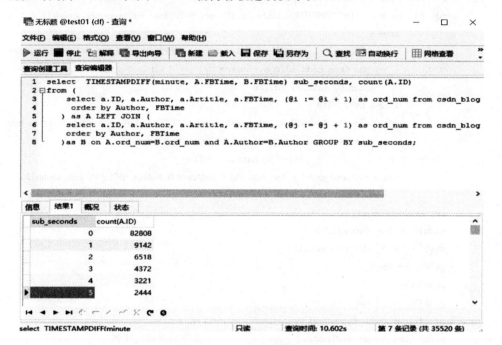

图 10.18　SQL 语句运行结果

完整代码如下:

test10_08.py

```
# coding = utf-8
import matplotlib.pyplot as plt
import matplotlib
import pandas as pd
import numpy as np
import pylab
import MySQLdb
from pandas import *
import math

try:
    conn = MySQLdb.connect(host = 'localhost', user = 'root',
```

```
                              passwd = '123456',port = 3306,db = 'test01')
         cur = conn.cursor()                           #数据库游标
         conn.set_character_set('utf8')
         cur.execute('SET NAMES utf8;')
         cur.execute('SET CHARACTER SET utf8;')
         cur.execute('SET character_set_connection = utf8;')
         sql = '''select   TIMESTAMPDIFF(minute,A.FBTime,B.FBTime) sub_seconds,count(A.ID)
                 from (
                     select a.ID,a.Author,a.Artitle,a.FBTime,(@i:=@i + 1) as ord
                     _num from csdn_blog a,(select @i:= 1) d
                         order by Author,FBTime
                     ) as A LEFT JOIN (
                     select a.ID,a.Author,a.Artitle,a.FBTime,(@j:=@j + 1) as ord
                     _num from csdn_blog a,( select @j:= 0) c
                             order by Author,FBTime
                     )as B on A.ord_num = B.ord_num and A.Author = B.Author GROUP BY sub_seconds;'''

         cur.execute(sql)
         result = cur.fetchall()
         day1 = [n[0] for n in result]
         print len(day1)
         print day1
         num1 = [n[1] for n in result]
         print len(num1),type(num1)
         print num1.index(max(num1))              #获取最大值的序列

         #两边取以10为底的对数
         daylog = range(len(num1))
         numlog = range(len(num1))
         i = 2                                    #第一个值是null,因为最后一组数据没有时间间隔
         while i <len(num1):
             daylog[i] = math.log10(day1[i])
             numlog[i] = math.log10(num1[i])
             i = i + 1
         else:
             print 'end log10'


         matplotlib.style.use('ggplot')
         plt.scatter(daylog[2:], numlog[2:], marker = 's')
         #plt.title('Number of users published')
         #重点:设置x轴坐标刻度,否则数据太多
         plt.xlabel('Time InterVal')
```

```
plt.ylabel('The number of blog')
plt.savefig('test23.png',dpi = 400)
plt.show()

#异常处理
except MySQLdb.Error,e:
    print "Mysql Error %d: %s" % (e.args[0], e.args[1])
finally:
    cur.close()
    conn.commit()
    conn.close()
```

输出结果如图 10.19 所示。

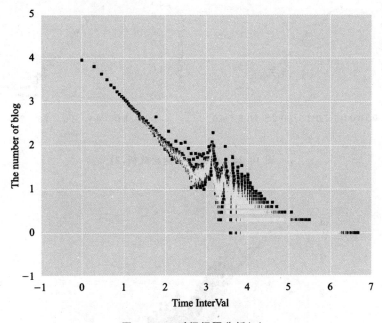

图 10.19　时间间隔分析(1)

同时,读者可以对各种分析方式或算法进行对比,比如对比 4 种不同单位的时间间隔,分别以分钟、小时、天、月为单位,输出图形如图 10.20 所示。这里没有给出对比的代码,请读者自行编写。

同进也可以将时间间隔为分钟、小时、天数、月份的 4 个图绘制到一个图形中,进行对比实验,如图 10.21 所示。

通过这个对比案例,大家可以发现图 10.21 所示图形是符合幂率分布的,最后对该散点图的趋势进行拟合即可。

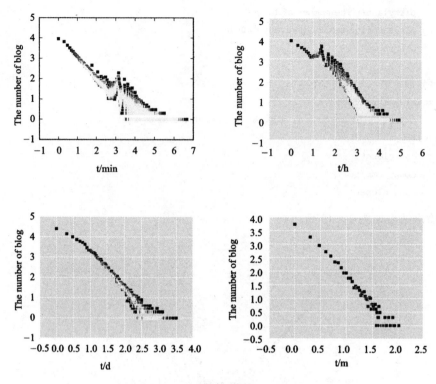

图 10.20　时间间隔对比分析(2)

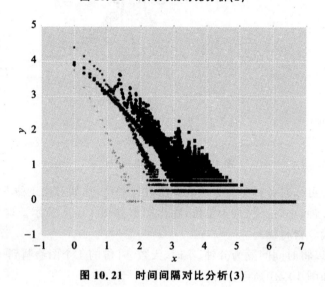

图 10.21　时间间隔对比分析(3)

10.4 本章小结

本章主要讲解了复杂网络和基于数据库技术的数据分析,随着数据规模变得越来越大,本章提供的方法也被广泛应用于科研领域和企业项目中。一方面,本章通过绘制学生图谱来表征他们之间的关系,以加深读者对复杂网络和 NetworkX 库的理解;另一方面,作者讲解了 Python 读取数据库中的信息并进行可视化分析的案例,同时补充了幂率分布的知识。希望读者能够结合自己所研究的课题或兴趣,利用该章节知识进行简单的分析,得出相关的结论。

参考文献

[1] 佚名. Software for complex networks[EB/OL].(2014-2018)[2017-11-07]. http://networkx.github.io/.

[2] 赵志丹. 人类行为时空特性的分析建模及动力学研究[D]. 成都:电子科技大学, 2014:1-63.

套书后记

写到这里,《Python 网络数据爬取及分析从入门到精通(爬取篇)》和《Python 网络数据爬取及分析从入门到精通(分析篇)》已经写完了。起初各种出版社找我写书,我一直是拒绝的,一方面实在太忙,这一年自己被借调到省里学习,又有学校的课程和项目,身兼双职,无暇顾及;另一方面始终觉得自己只懂皮毛,只是个初出茅庐的"青椒",还有太多的知识需要去学习和消化。写书?哪有资格!

"相识满天下,知心能几人",是北京航空航天大学出版社的编辑董宜斌说服了我,让我决定写一套关于 Python 数据爬取及分析实例的书。结合 5 年来在 CSDN 写过的近 300 篇博客、编写的无数 Python 爬虫代码以及网络数据爬取实例,我用心写着这套书。本套书分为两篇——爬取篇和分析篇,其中,爬取篇突出爬取,分析篇侧重分析,强烈推荐读者将两本书结合起来使用。在爬取篇中,作者首先引入了网络爬虫概念,然后讲解了 Python 基础知识,最后结合正则表达式、BeautifulSoup、Selenium、Scrapy 等技术,详细分析了在线百科、个人博客、豆瓣电影、招聘信息、图集网站、新浪微博等爬虫案例,让读者真正掌握网络爬虫的分析方法,从而爬取所需数据集,并为后续数据分析提供保障;在分析篇中,作者首先普及了网络数据分析的概念,然后讲解了 Python 常用的数据分析库,最后结合可视化分析、回归分析、聚类分析、分类分析、关联规则挖掘分析、词云及主题分布、复杂网络等技术,详细讲述了各种数据集和算法应用的分析案例,让读者真正掌握网络数据分析方法,从而更好地分析所需数据集,并为项目开发或科研工作提供保障。

多少个无眠深夜,我加班回家后又打开了电脑,开始编写心爱的书。那一刻,所有的烦恼与疲惫都已忘却,留下的只是幸福和享受,仿佛整个世界都静止了,所有人都站在了我的身后,静静地看着我,看着我嗒嗒地敲打着键盘;有时我又停了下来,右手撑着脸颊思考;有时又抄起钢笔,刷刷画着。

就这样,数不清经历了多少个午间休息、多少夜凌晨灯火、多少趟上下班的路上,我构思着、编写着,终于完成了这套书。书是写完了,这期间的艰辛、酸甜无人可以表述,那又何妨?留一段剪影,于心中回放。不论您读这套书是否有所收获,但我是很用心写的,不为别的,只为给自己一个交代,并让初学 Python 爬虫和数据分析的新手品尝下代码的美味,感受下 IT 技术的变革,足矣。更何况这套书确实普及了很多有用的实例,从方法到代码,从基础讲解到深入剖析,采用图文结合、实战为主的方式讲解,也为后续的人工智能、数据科学、大数据等领域的研究打下了基础。

"贵州纵美路迢迢,未付劳心此一遭。收得破书三四本,也堪将去教尔曹。但行好事,莫问前程。待随满天桃李,再追学友趣事。"这首诗是我选择离开北京,回到家乡贵州任教那天写的。每当看到那一张张笑脸、一双双求知的眼睛,我都觉得回家很值,也觉得有义务教好身边的每一个学生;每当帮好友或陌生博友解决一个程序问题,得到他们的一个祝福、一句感谢时,总感觉有一股暖流从心田流过,让我温馨一笑。而当我写完这套书时,我自问:它能帮助多少人?它能否促进数据分析学科的发展?能否为贵州家乡大数据发展做出点贡献?我不知道,但就觉得挺好。希望本套书能帮助更多的初学者或 Python 爱好者。

有人说我选择回家教书是情怀,有人觉得是逃离北上广,也有人认为是作秀、或是初心。但这些都不重要,重要的是经历,是争朝夕,人是为自己而活的,而不关乎其他人的看法。我们赤条条地来,赤条条地去,每段经历都将化为点点诗意,享受其中,何乐而不为呢?但同样,我们需要学会感恩,能完成这套书少不了很多人的帮助。

感谢北京航空航天大学出版社"董伯乐"的相知与相识,没有董宜斌这样的知心人,这套书就不会面世;感谢北京航空航天大学出版社的编辑,已经记不得修订了多少版,但每一版、每一段都透露出她的认真与严谨,这也是她的心血;感谢身边的朋友、同学、老师和同事的帮助和支持,尤其是替我作序的几个知己;感谢娜女神对我的赏识与关心,出书之时就是我求婚之时,书里的每一段文字、每一行代码都藏着我对她的思恋,对她的爱意,否则又有什么力量能支撑我把书写完呢?感谢亲人、我的学生以及很多素未谋面的网友,谢谢您们的建议与支持;最后感谢一下自己,书写完的那天,不知道眼角怎么就湿润了,真的好想大哭一场,但突然又笑了,这或许就是付出的滋味,一年的收成吧!未忘初心,岁月静好。

作　者

2018 年 3 月 16 日

致　　谢

　　至此,整本书已经写完了,希望对您有所帮助,也相信大家会有所收获。作者真的很用心地在写,希望自己能不忘初心,一辈子根植于贵州,教更多的学生,普及更多的有关 Python 网络爬虫和数据分析的知识。后面自己也将沉下心,进一步深化学习,尤其是在新领域的学习。需要感谢的人太多,尤其是要感谢我的女朋友和北京航空航天大学出版社,感谢他们给予我的支持与帮助!